机械制图及CAD习题集

主　编　张仁英
副主编　胡　胜
参　编　蒋秋莎　刘玉霞　梁山秀　江德龙

重庆大学出版社

内容简介

本习题集是中等职业教育“数控技术应用”系列教材之一。根据2008年教育部修订颁发的《中等职业学校机械制图教学大纲(2008年修订)》,并采用最新国家标准编写。

主要内容有:制图基本知识与技能、投影基础、组合体、图样画法、标准件及常用件规定画法、零件图、装配图。

习题按项目编制,每个项目有自测题和综合测试题,形式灵活多样,便于教师了解学生掌握知识的情况,也便于学生进行全面复习,巩固学习成果。

本习题集适用于中等职业学校机械类专业,也适用于期末考试和参加高职考试的考前复习。

图书在版编目(CIP)数据

机械制图及CAD习题集/张仁英主编. —重庆:重庆大学出版社,2010.8(2021.7重印)
(中等职业学校数控专业教学用书)
ISBN 978-7-5624-5589-9

Ⅰ.①机… Ⅱ.①张… Ⅲ.①机械制图—专业学校—习题②机械制图:计算机制图—专业学校—习题 Ⅳ.①TH126-44

中国版本图书馆CIP数据核字(2010)第144138号

机械制图及CAD习题集
主 编 张仁英
副主编 胡 胜
责任编辑:彭 宁 版式设计:彭 宁
责任校对:邹 忌 责任印制:张 策
*
重庆大学出版社出版发行
出版人:饶帮华
社址:重庆市沙坪坝区大学城西路21号
邮编:401331
电话:(023) 88617190 88617185(中小学)
传真:(023) 88617186 88617166
网址:http://www.cqup.com.cn
邮箱:fxk@cqup.com.cn(营销中心)
全国新华书店经销
POD:重庆新生代彩印技术有限公司
*
开本:787mm×1092mm 1/16 印张:15.75 字数:197千
2010年8月第1版 2021年7月第4次印刷
ISBN 978-7-5624-5589-9 定价:45.00元

前　言

本习题集自2006年出版以来,受到广大师生的欢迎。为了更好地适应职业教育教学改革与发展的需要,我们在听取了一线教师对该习题的意见和建议的基础上,根据2008年教育部修订颁发的《中等职业学校机械制图教学大纲(2008年修订)》,对习题集进行了修订,并采用最新国家标准编写。

修订后的习题集突出了以下几点:

1. 降低了理论知识的难度和要求,增强了实用性。如强调识读装配图的方法与步骤,删除由简单装配图拆画零件图。

2. 考虑岗位需求,强化了实际中常用的技能。如提高了对画草图的要求,要求掌握画草图的基本方法。

3. 习题集按项目编制,具有职教特色和鲜明的时代特征。在习题结构的组织上与学生的认知规律相匹配,与新型教学模式相适应。有利于实施具有职业教育特点的行动导向教学方法。

4. 习题集设置了部分自测题及综合测试题,以便于学生对所学内容进行全面复习,教师可通过自测题了解学生理解和掌握知识的程度。

本习题集与张仁英主编的中等职业教育《数控技术应用》系列教材之一的《机械制图》配套使用。适用于中等职业学校机械类专业,也适用于期末考试和参加高职考试的考前复习。参加本习题编写的有:江德龙、胡胜、蒋秋莎、刘玉霞、梁山秀、张仁英,并由张仁英担任主编,胡胜任副主编。

最后,限于编者的水平,书中的缺点和错误在所难免,恳请读者批评指正,以便使本习题集得到不断的完善。

编　者

2009年5月

目　　录

项目一　制图基本知识与技能

任务一　制图国家标准的基本规定	班级＿＿＿＿＿＿姓名＿＿＿＿学号＿＿＿

1.数字、字母练习。

1 2 3 4 5 6 7 8 9 0

A B C D E F G H I J K L M N O P Q R S T U V W X Y Z

a b c d e f g h i j k l m n o p q r s t u v w x y z

班级________ 姓名________ 学号________

2.长仿宋体练习。

机	械	制	图	姓	名	审	批	比	例	学	校	专	业	班	级	材	料	件	数	备	注	序	号

技	术	要	求	螺	纹	销	轴	其	余	局	部	图	旋	转

班级________ 姓名______ 学号______

3.线型练习。

按上图所示在下边画出同样的图形。

(1)

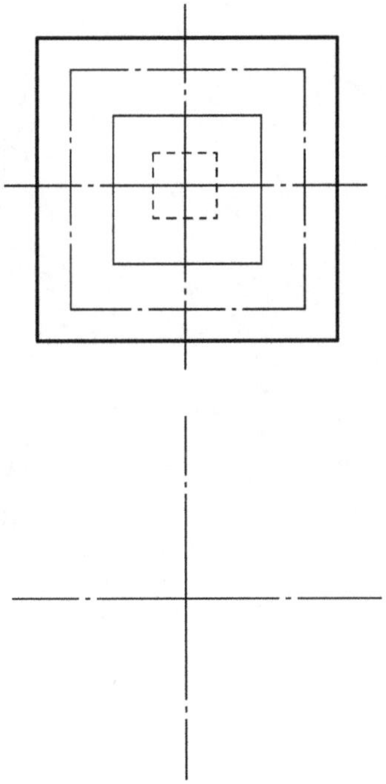

(2)

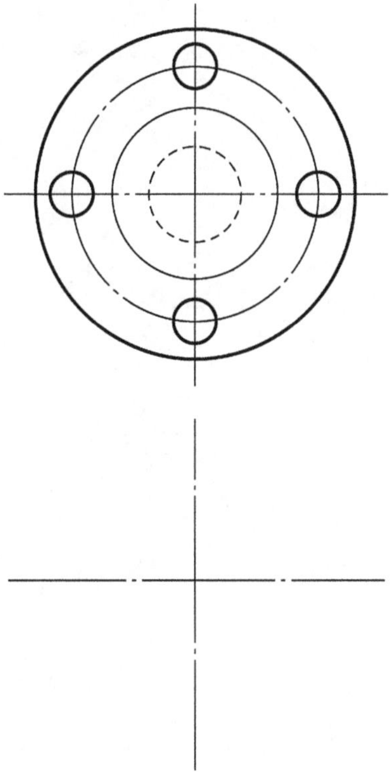

班级______________ 姓名________ 学号______

4. 比例练习。

(1) 在下面用2:1的比例完成上图。

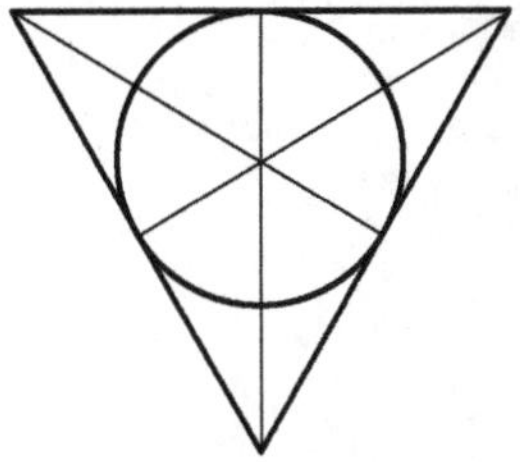

(2) 在下面用1:2的比例完成上图。

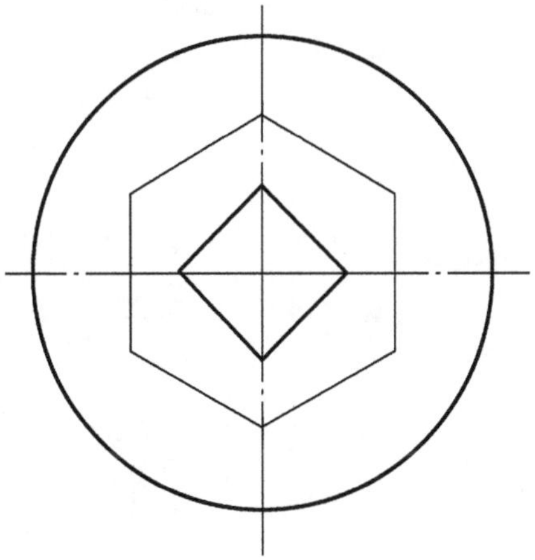

班级__________ 姓名________ 学号______

5.尺寸标注。

(1)填写尺寸数字(取整数)。

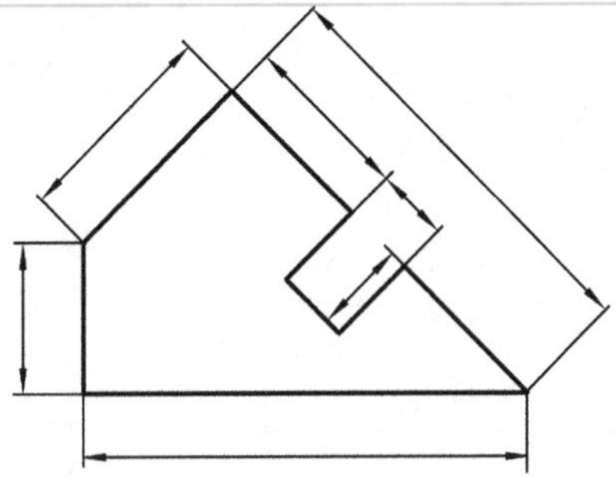

(2)画箭头，填写角度数字(取整数)。

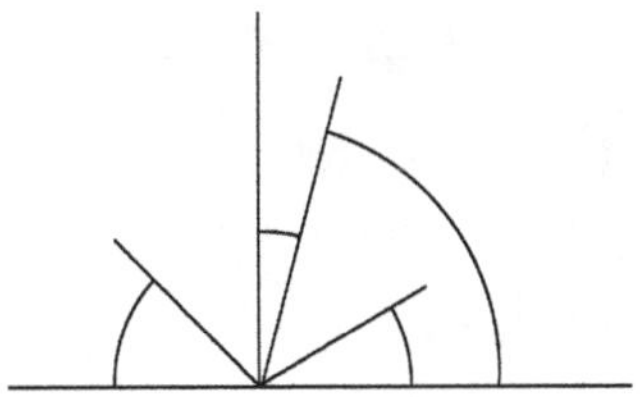

(3)标注直径、半径尺寸(取整数)。

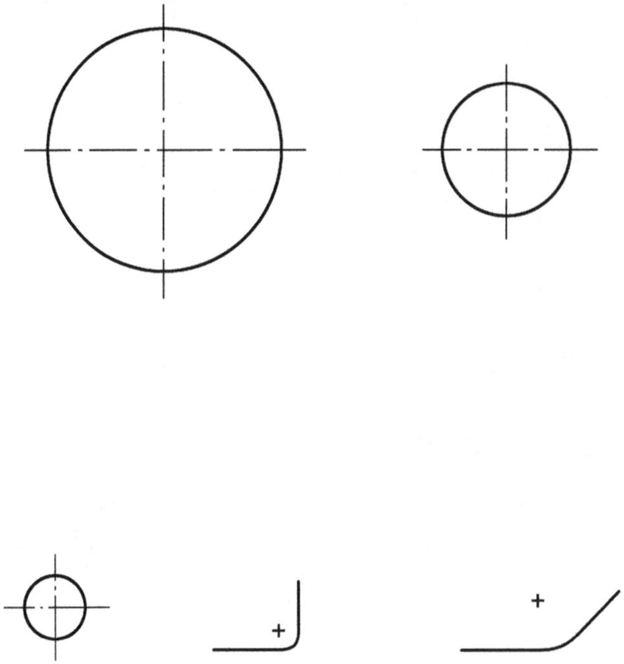

班级________ 姓名________ 学号______

6.几何作图（一）。

（1）作圆的内接正五边形。

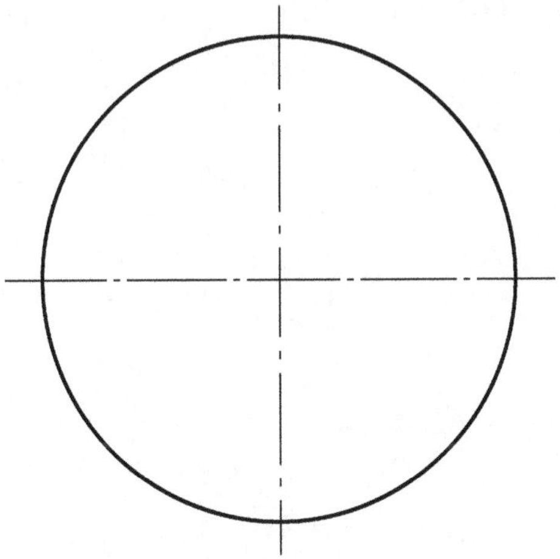

（2）做圆的内接正九边形。

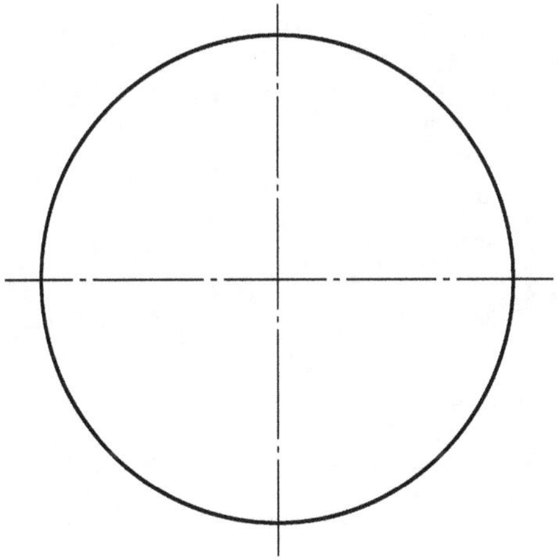

班级________ 姓名________ 学号________

(3)按左上方小图完成图形，并标注斜度。

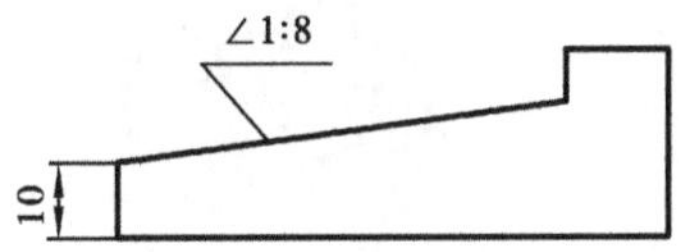
∠1:8
10

(4)按左上方小图完成图形，并标注锥度。

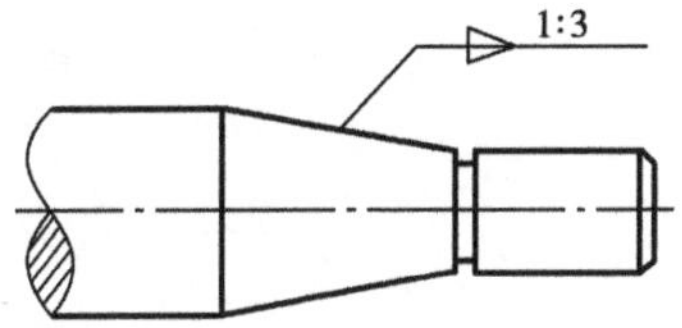
1:3

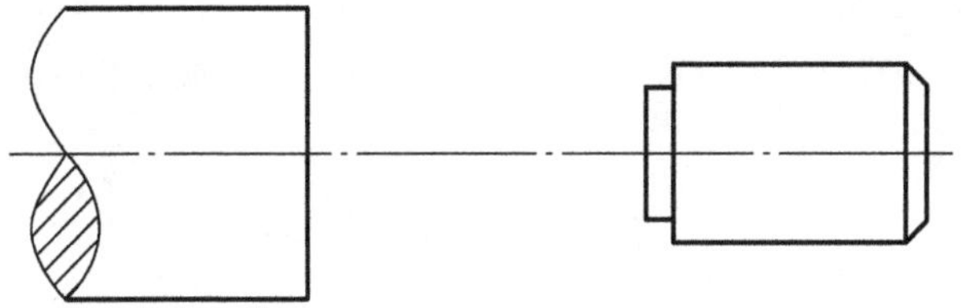

班级________ 姓名________ 学号________

7.几何作图（二）。

（1）用给定半径*R*作两直线的圆弧连接。

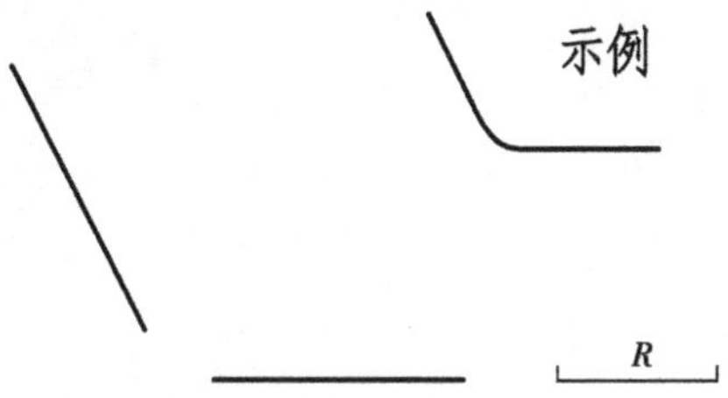
示例
R

（2）用给定半径*R*作两圆弧的外圆弧连接。

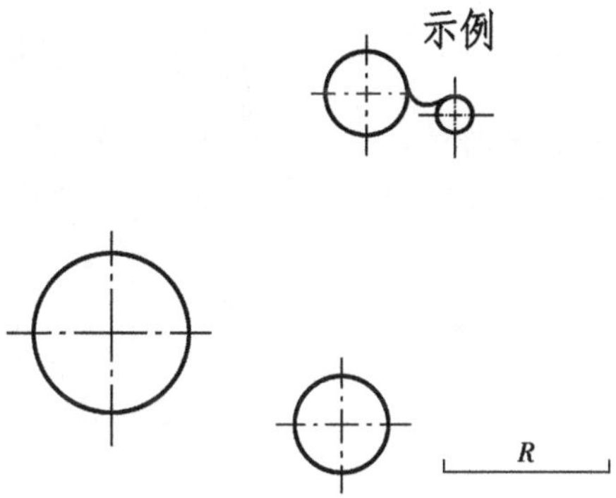
示例
R

（3）用给定半径*R*作两圆弧的内圆弧连接。

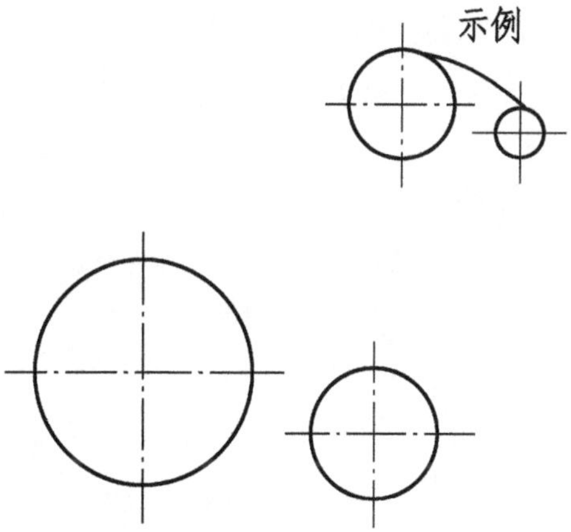
示例

班级______ 姓名______ 学号______

8.几何作图（三）。

(1)用A4图纸、比例1:1画出下图，并标注尺寸。

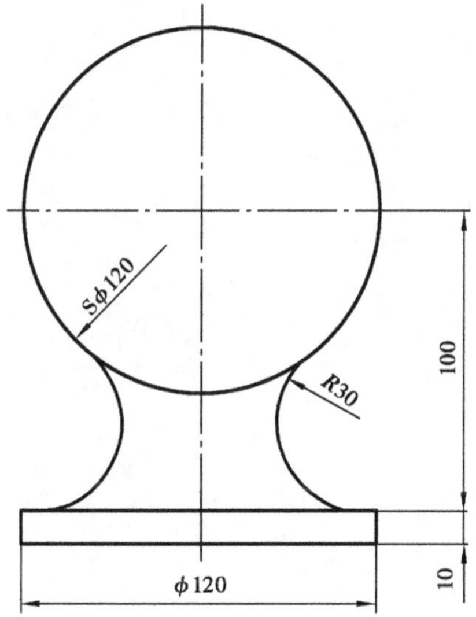

Sϕ120
R30
100
10
ϕ120

(2)用A3图纸、比例1:1画出下图，并标注尺寸。

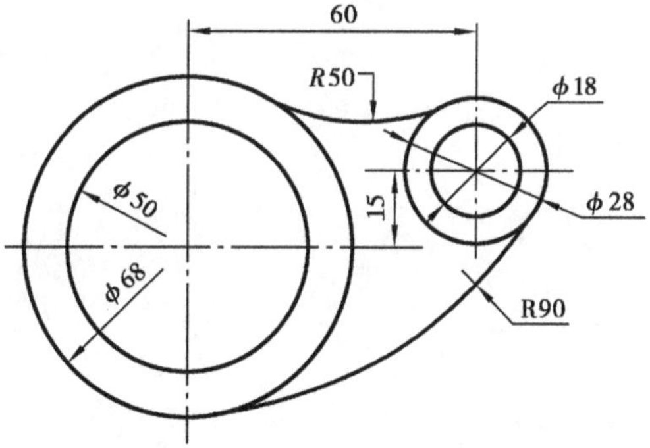

60
R50
ϕ18
ϕ28
15
ϕ50
ϕ68
R90

班级________ 姓名________ 学号________

8.几何作图(三)

(1)用A4图纸，比例1:1画出下图，并标注尺寸。

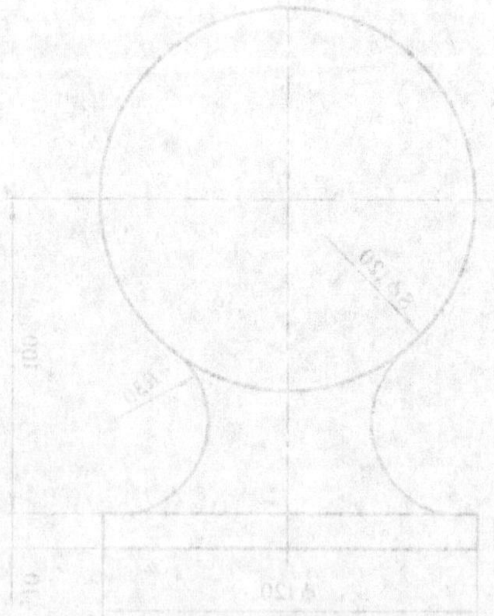

SΦ120
100
R30
Φ120
10

(2)用A3图纸，比例1:1画出下图，并标注尺寸。

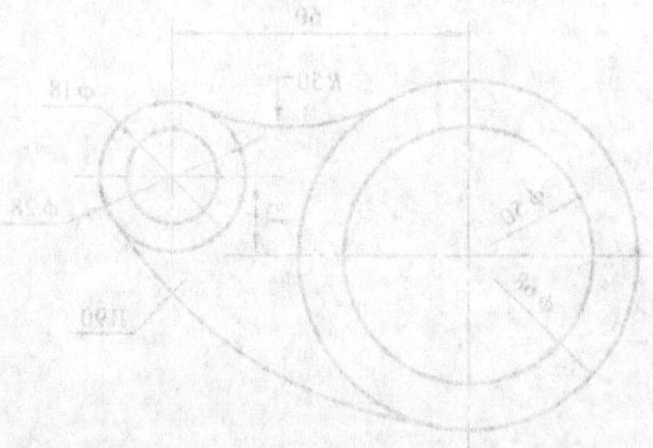

60
R30
Φ18
Φ28
12
Φ50
Φ80
R90

(3)用A3图纸、比例1:1画出下图，并标注尺寸。	班级______ 姓名______ 学号______

(3)用A3图纸、比例1:1画出下图，并标注尺寸。

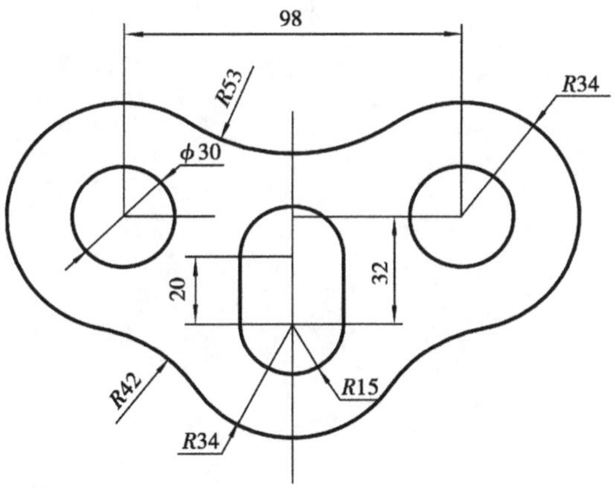
98
R53
R34
φ30
20
32
R42
R15
R34

(4)用A3图纸、比例1:1画出下图，并标注尺寸。

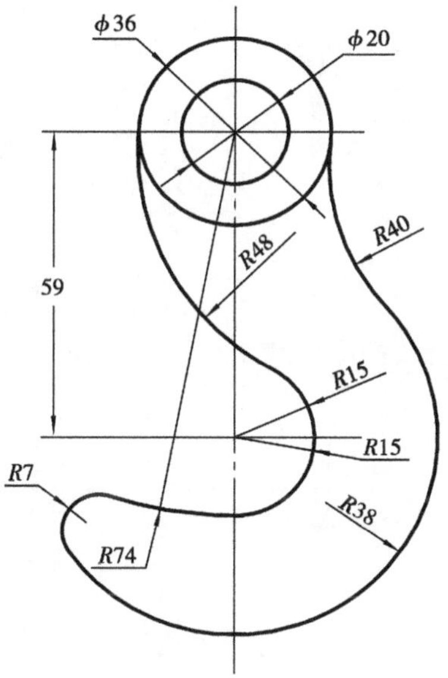
φ36
φ20
R40
R48
59
R15
R15
R7
R38
R74

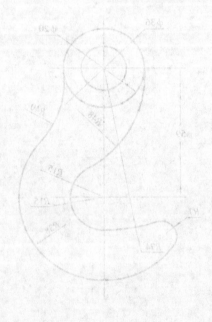

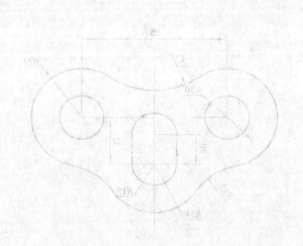

自测题1

班级________ 姓名________ 学号______

1. 完成图形的线段连接（1∶1），并标出连接弧圆心和连接点。

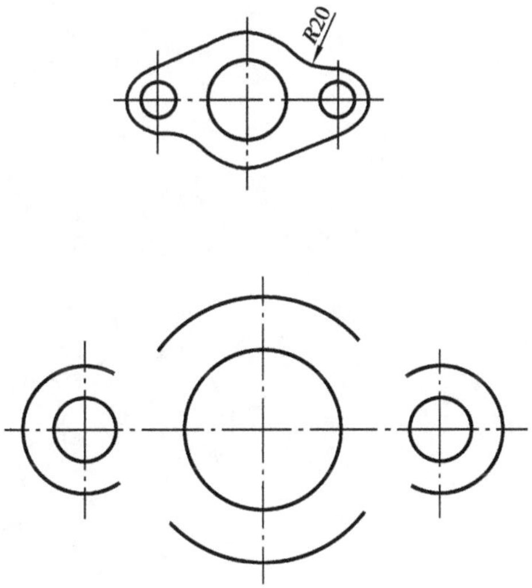
R20

2. 用1∶1比例A3图纸抄画下列图形，并标注尺寸。

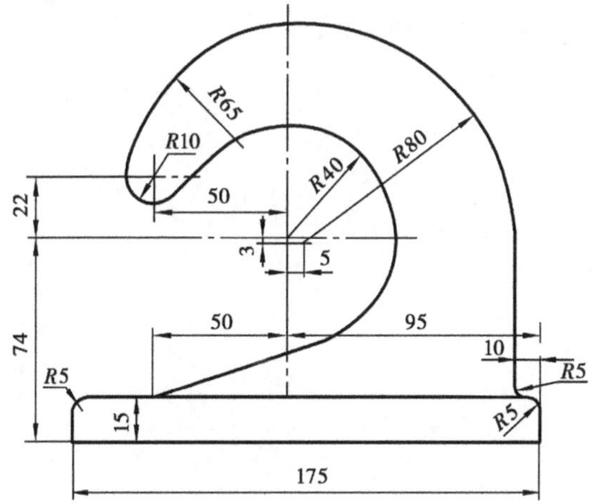
R65
R10
R40
R80
22
50
3
5
50
95
74
10
R5
R5
15
R5
175

任务二　AutoCAD的平面图形画法	班级＿＿＿＿＿＿姓名＿＿＿＿学号＿＿＿

根据已知尺寸，画出下列平面图形。

(1)

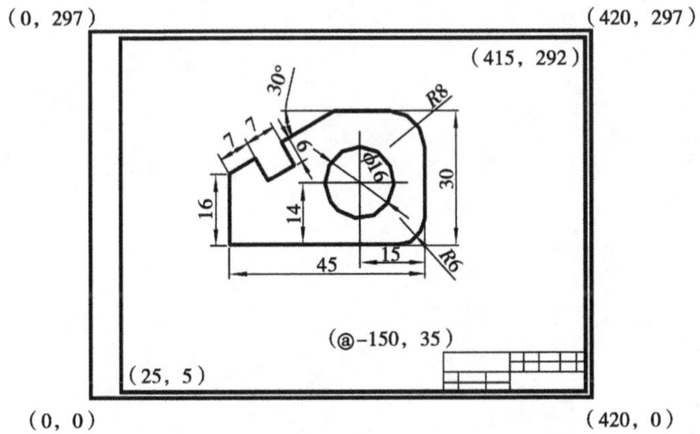
(0, 297)
(420, 297)
(415, 292)
30°
R8
7
7
6
φ16
30
16
14
45
15
R6
(@-150, 35)
(25, 5)
(0, 0)
(420, 0)

(2)

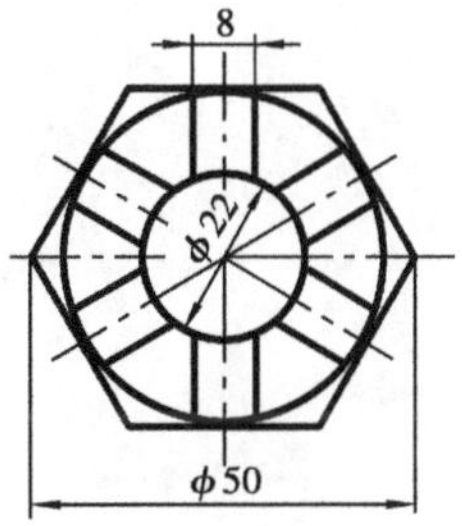
8
φ22
φ50

班级__________ 姓名________ 学号______

(3)

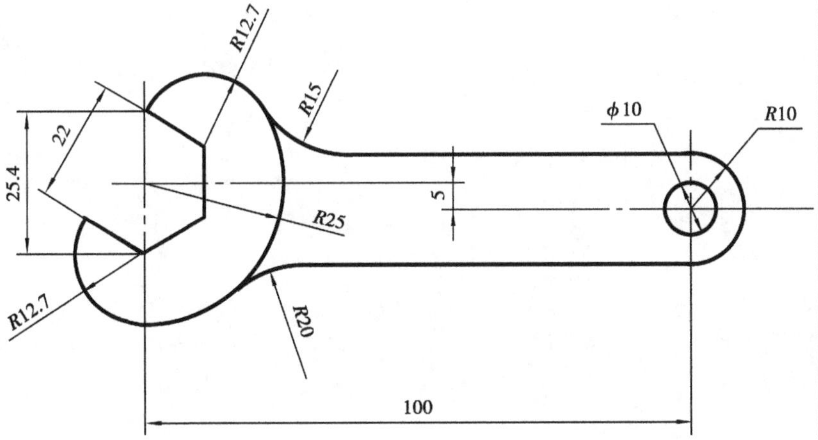
R12.7
R15
22
25.4
R25
5
φ10
R10
R12.7
R20
100

(4)

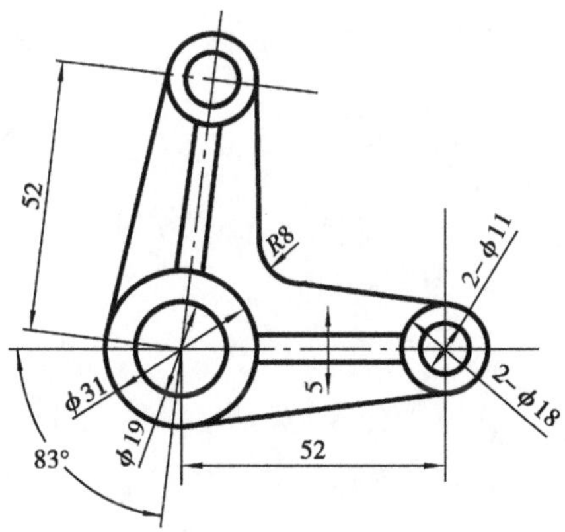
52
R8
2-φ11
5
2-φ18
φ31
φ19
83°
52

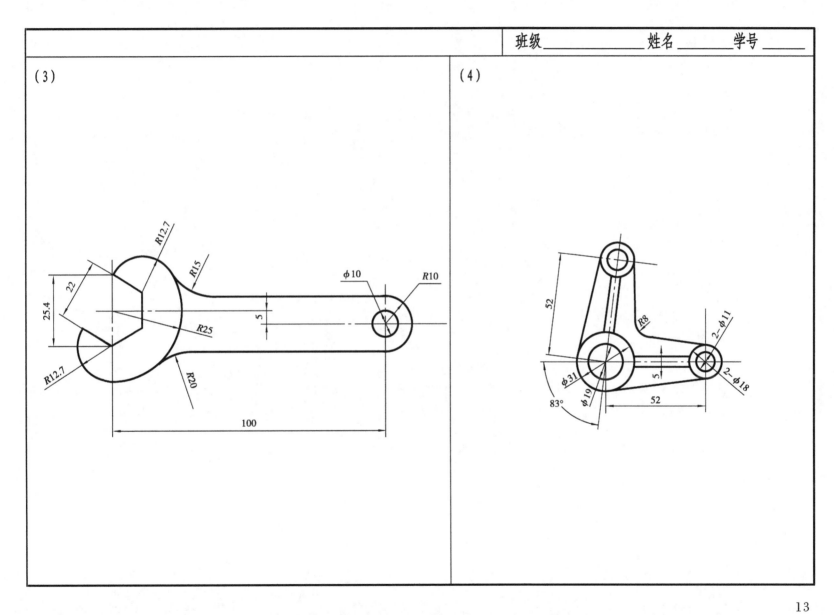

项目二　投影基础

任务一　正投影法和三视图	班级________ 姓名________ 学号________

1.填空题。

(1)用投射线投射物体，在选定的面上得到物体图形的方法，

称为________。平行投射线与投影面垂直时称为________。

(2)正投影的基本性质有________、________和________。

2.在下图中填上正确的方位（前、后、左、右、上、下）。

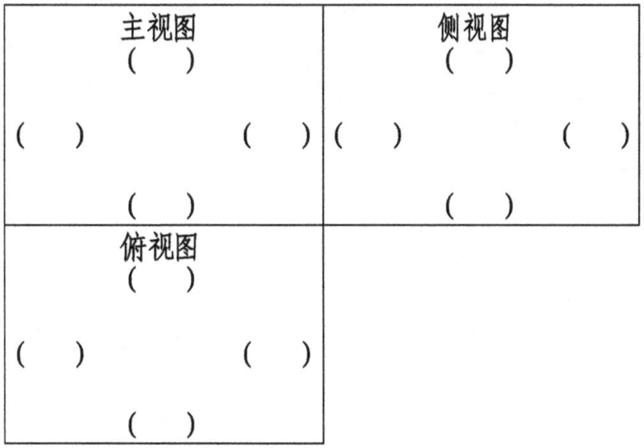

主视图
(　)
(　)　(　)
(　)
侧视图
(　)
(　)　(　)
(　)
俯视图
(　)
(　)　(　)
(　)

3.在下面三视图中，请分别填上汉字长、宽或高。

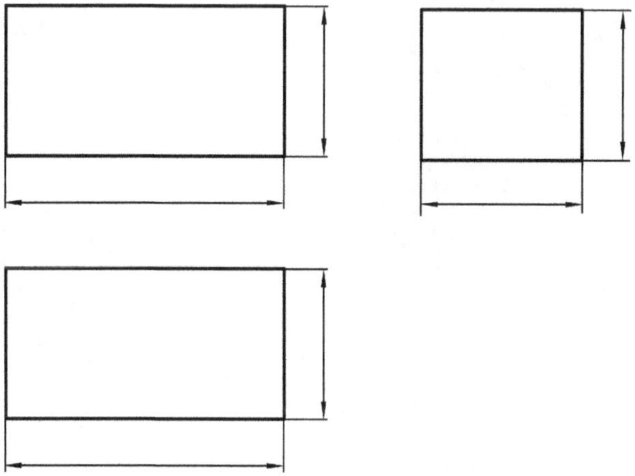

班级______________ 姓名________ 学号______

4.识读简单形体的三视图。

(1)根据立体图，用粗实线分别标出 1 面和 2 面在三视图中的投影。

1
2

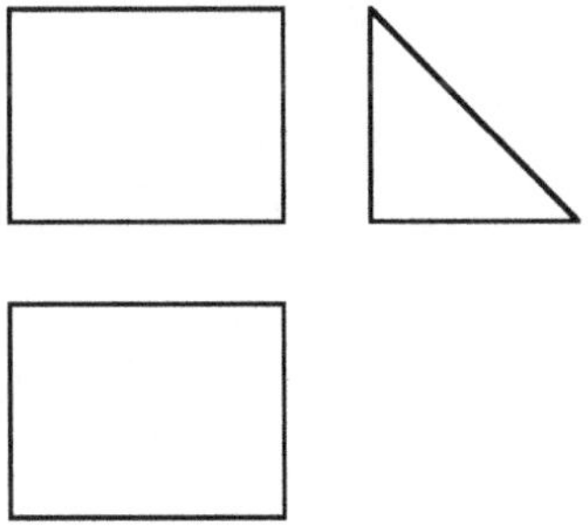

1 面投影

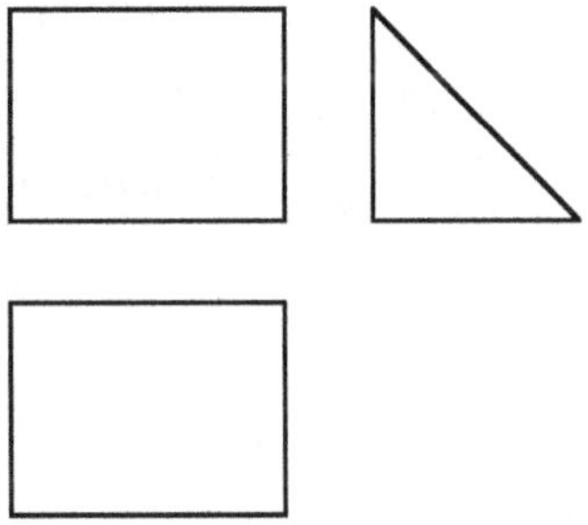

2 面投影

(2)根据立体图，用粗实线分别标出 1 面和 4 面在三视图中的投影。

4
1

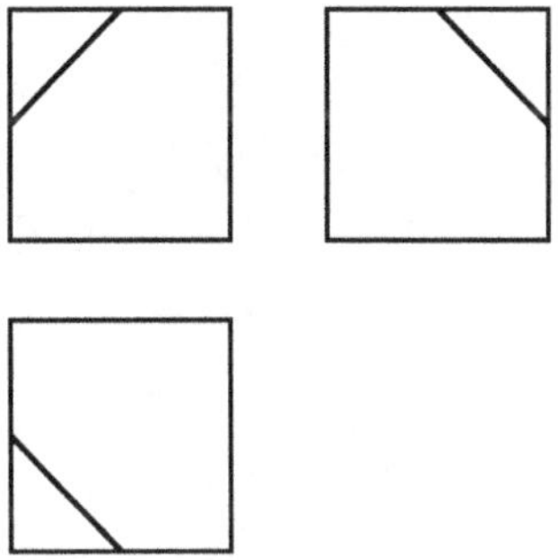

1 面投影

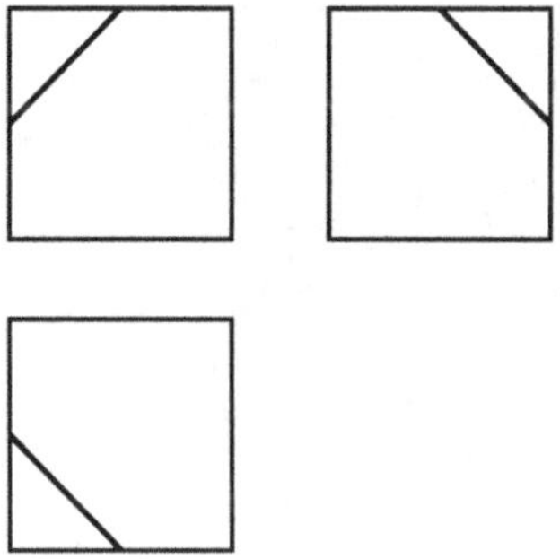

4 面投影

任务二　点、直线和平面的投影　　班级________ 姓名________ 学号________

1.已知点的两个投影，求其第三投影。

(1)

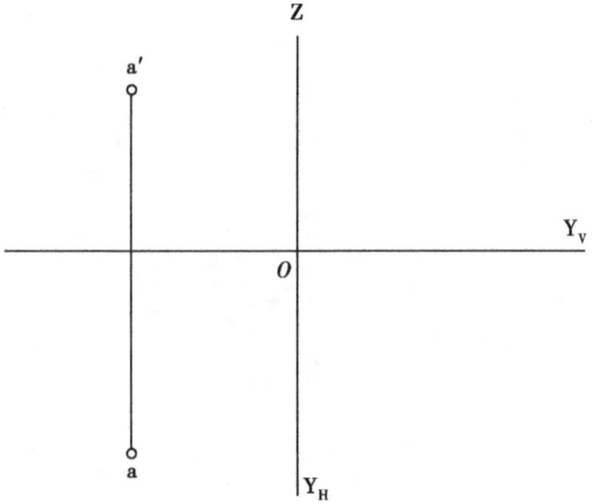

Z
a′
Y_V
O
a
Y_H

(2)

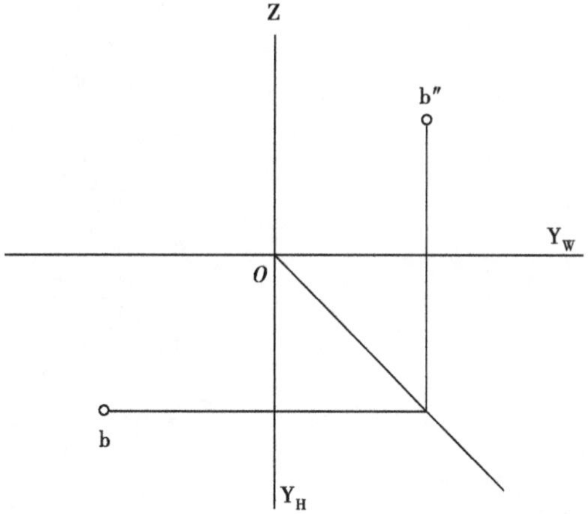

Z
b″
Y_W
O
b
Y_H

班级__________ 姓名________ 学号______

2.已知空间点的三个坐标，求其三面投影（单位为mm）。

(1)点A(19, 8, 25)。

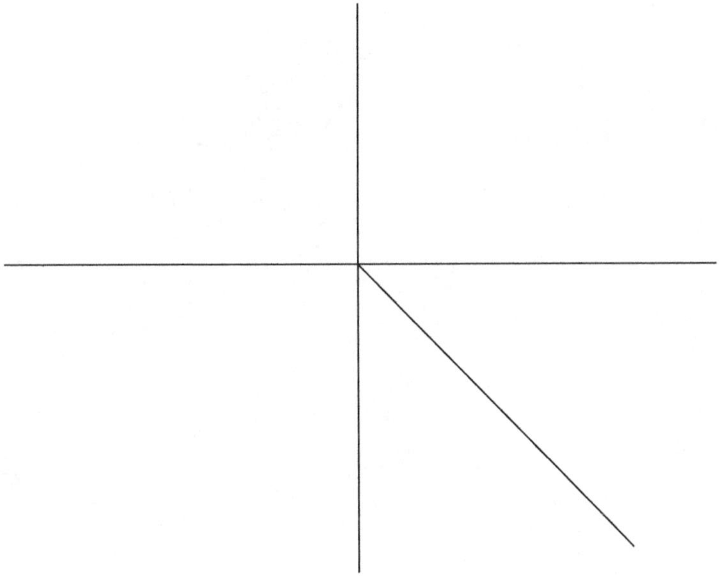

(2)点B(0, 0, 28)。

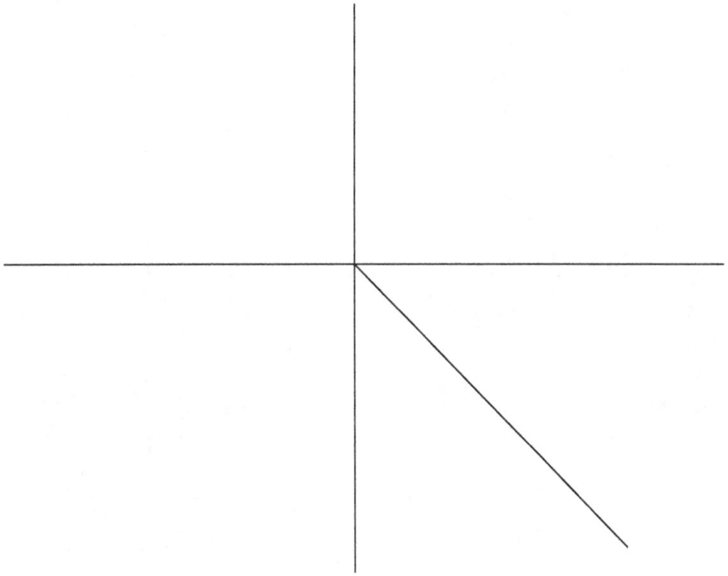

班级________ 姓名________ 学号________

3.根据立体图，用粗实线分别标出棱线在三视图中的投影。

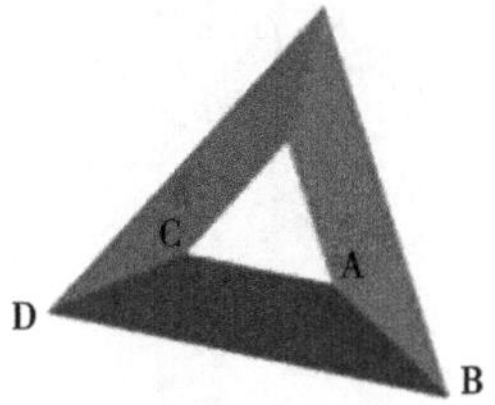
C
A
D
B

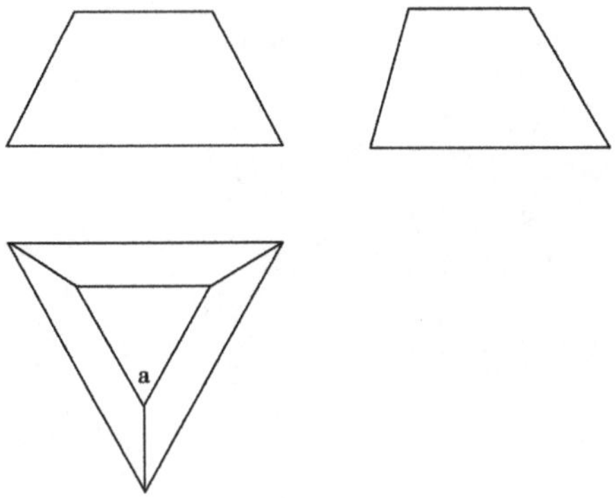
a

棱线 AB 的三视图

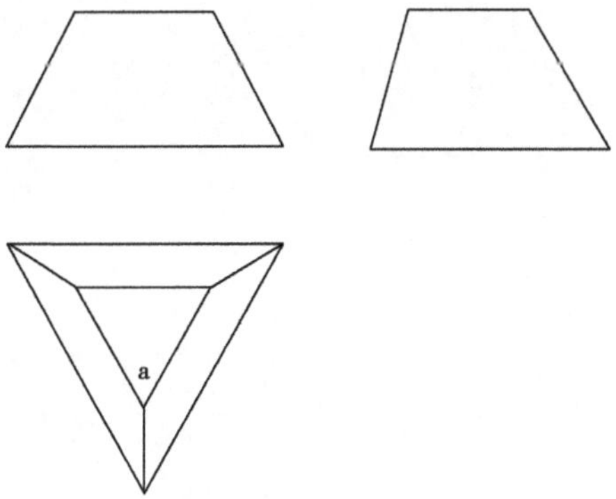
a

棱线 AC 的三视图

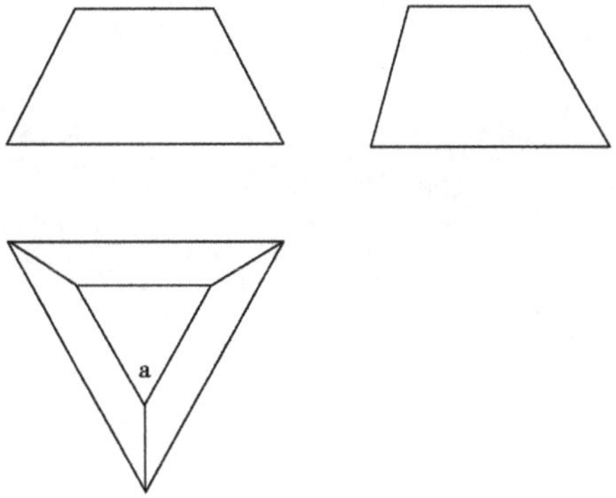
a

棱线 CD 的三视图

班级____________ 姓名________ 学号______

4.根据立体图，用粗实线分别标出所给物体表面在三视图中的投影。

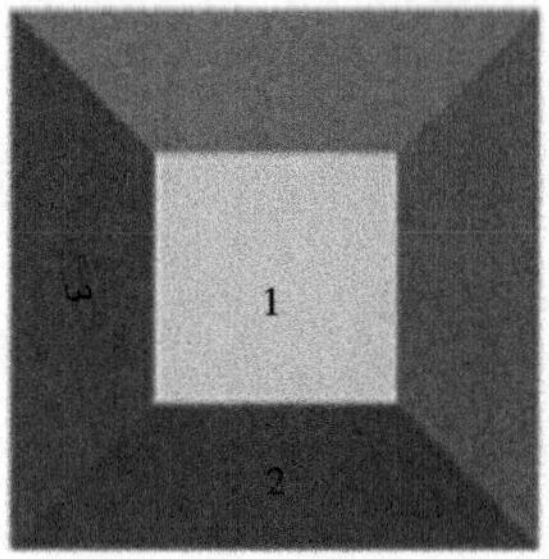
1
2
3

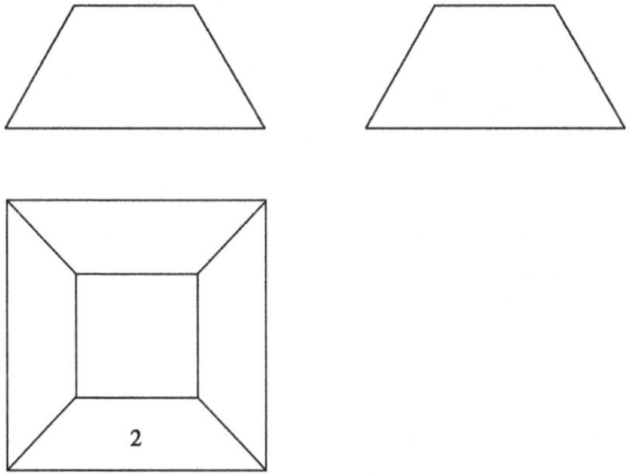
2

1 面的三视图

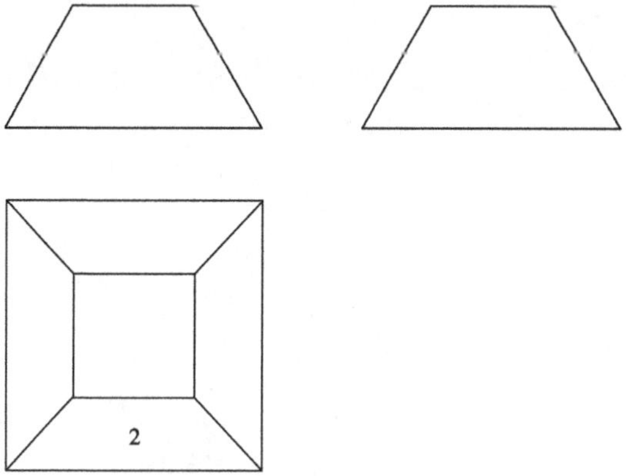
2

2 面的三视图

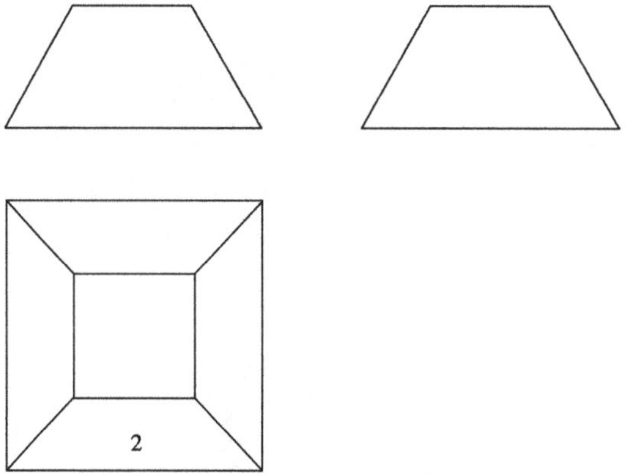
2

3 面的三视图

任务三　基本体	班级______________姓名________学号______
1.根据立体图,完成正五棱柱的三视图(箭头所示为主视图方向,尺寸自定)。	2.根据立体图，完成正四棱锥的三视图（1 面为主视图方向，尺寸自定)。
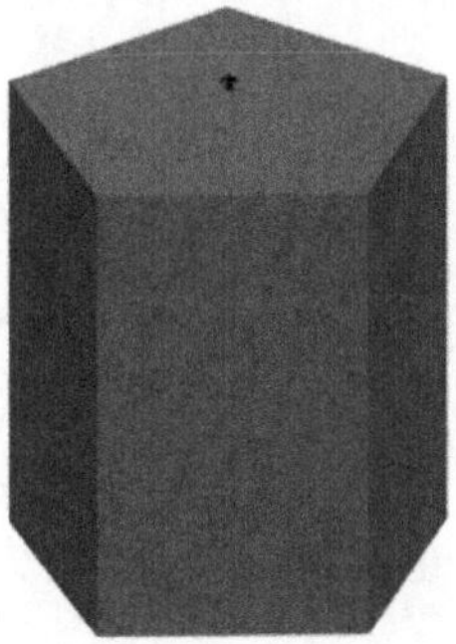	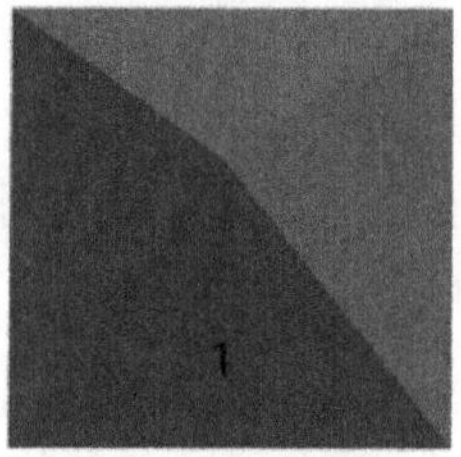1

	班级________ 姓名______ 学号______

3. 根据立体图，补画第三视图。

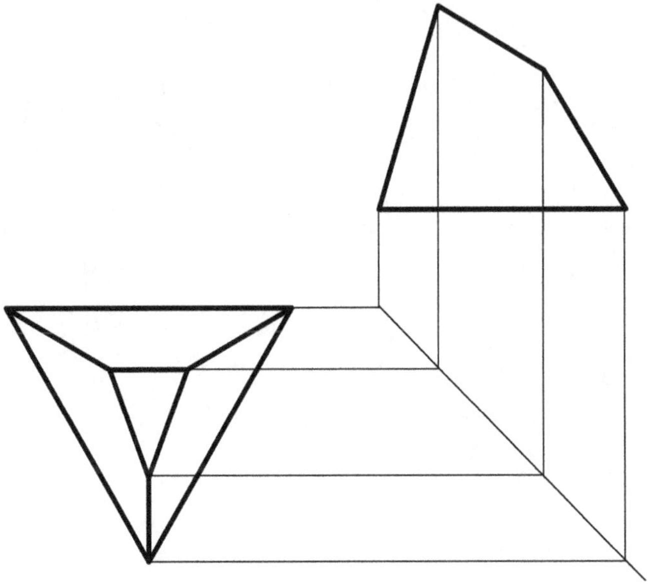

4. 根据立体图，完成圆柱的三视图（1面为主视图方向，尺寸自定）。

1

班级________ 姓名________ 学号________

5.求基本体表面上点的其余投影。

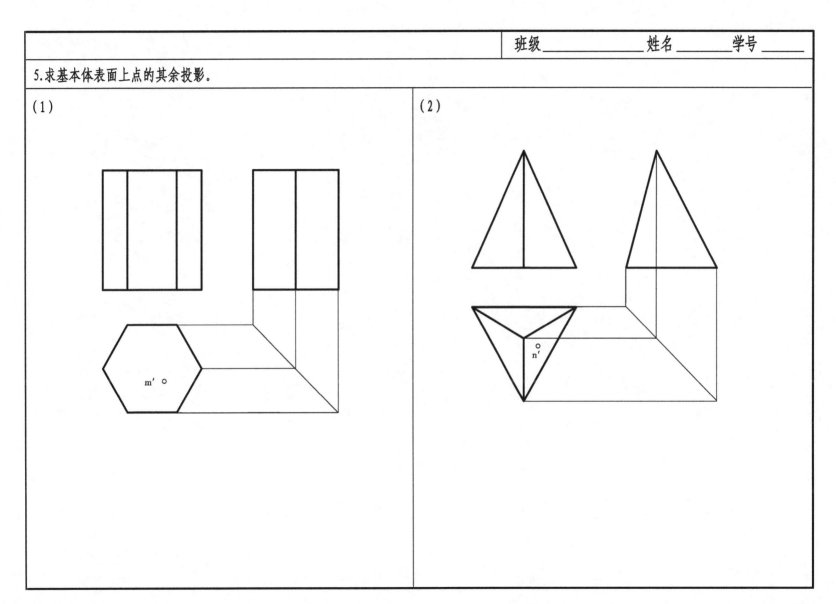

(1)

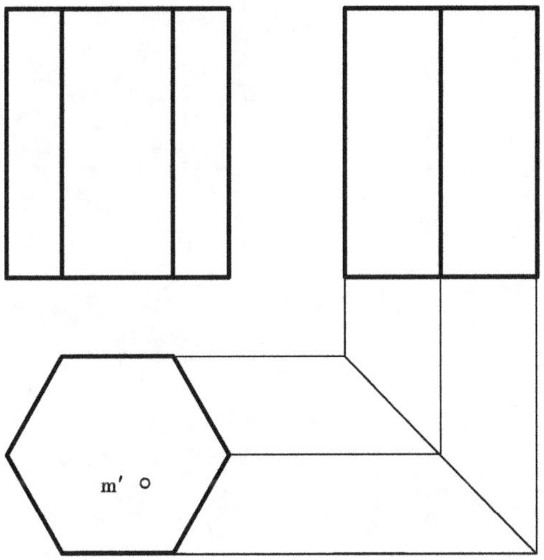
m′

(2)

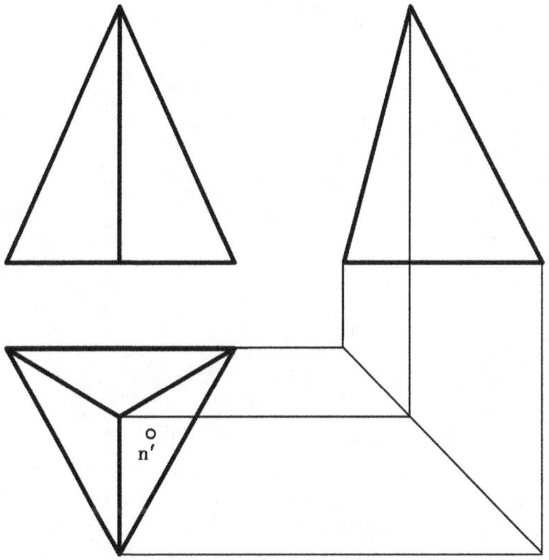
n′

班级________ 姓名________ 学号________

(3)

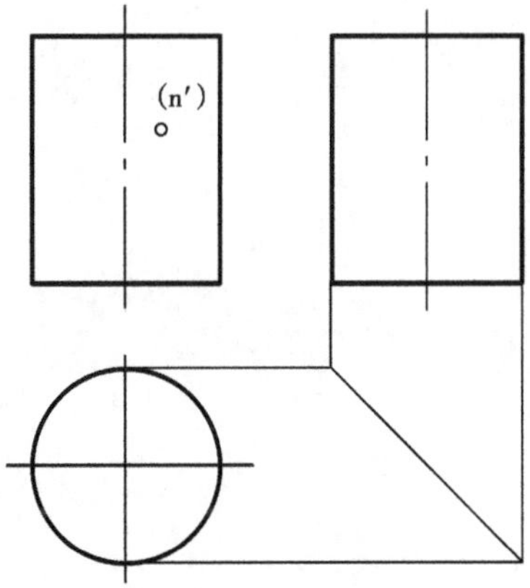

(n′)

(4)

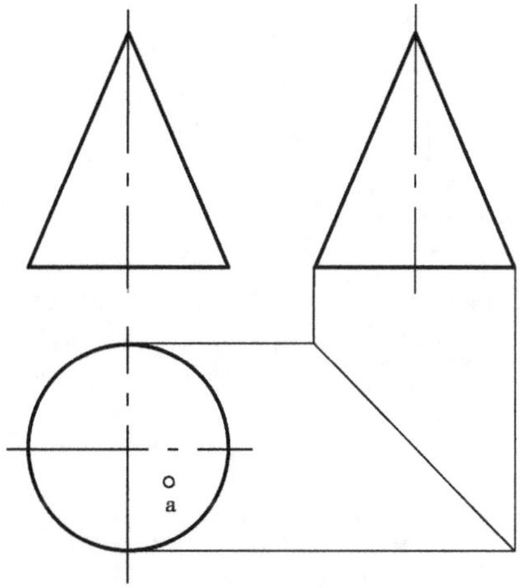

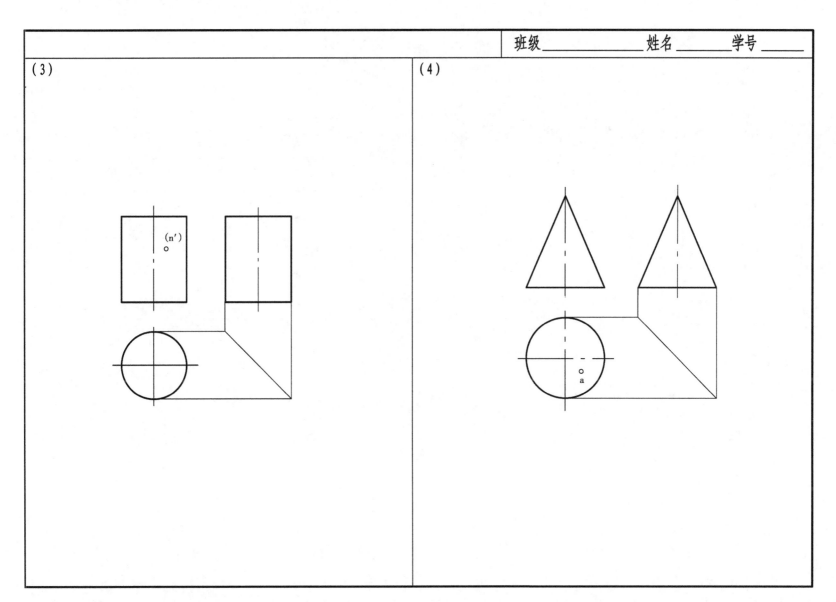

a

任务四 轴测投影 班级________ 姓名________ 学号________

1.根据两视图，画正等轴测图（1:1）。

(1)

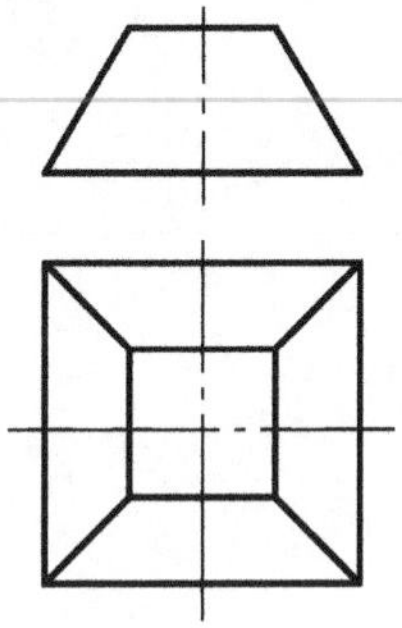

(2)

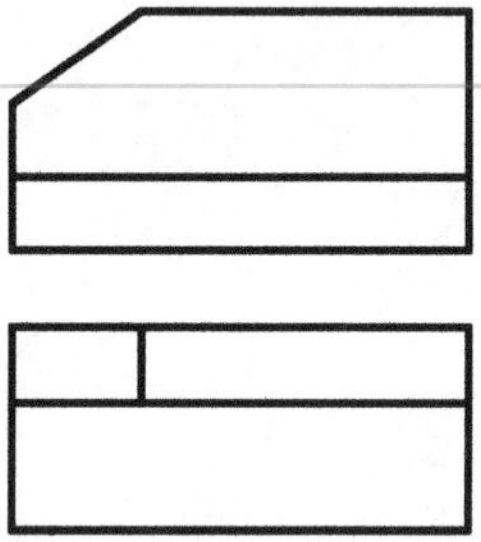

班级________ 姓名________ 学号________

2.根据两视图，画斜二等轴测图（1:1）。

(1)

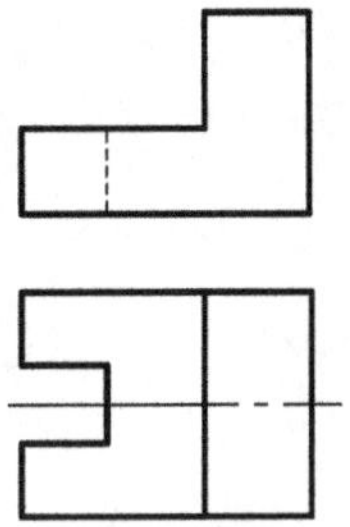

(2)

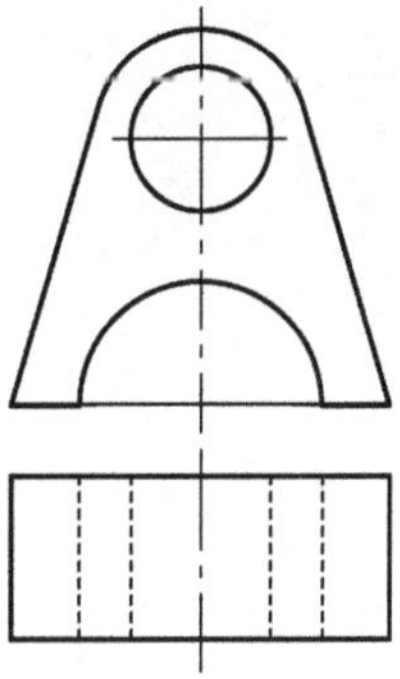

班级________ 姓名________ 学号________

3.根据两视图，徒手画轴测图。

(1)

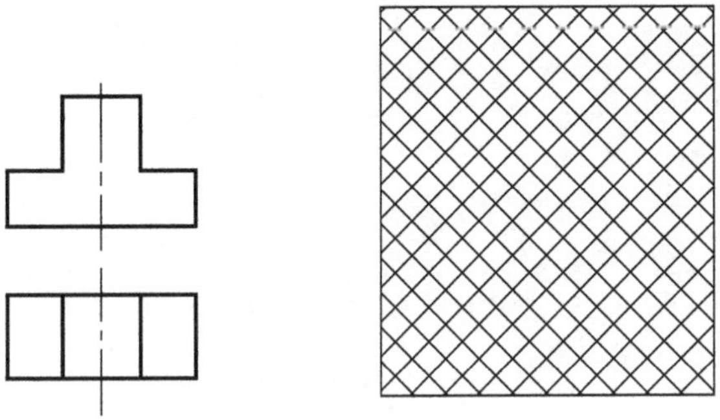

(2)

(3)

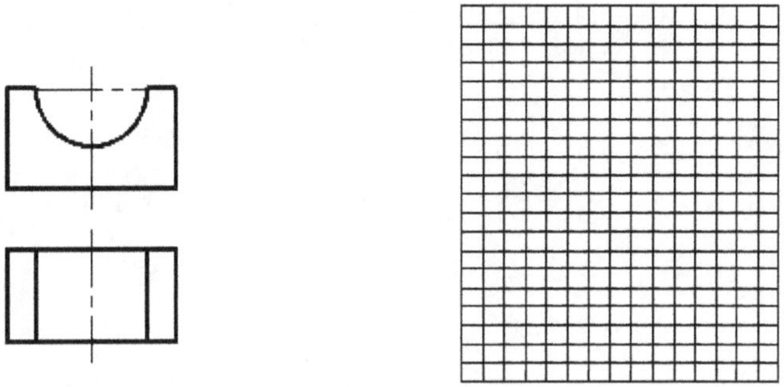

(4)

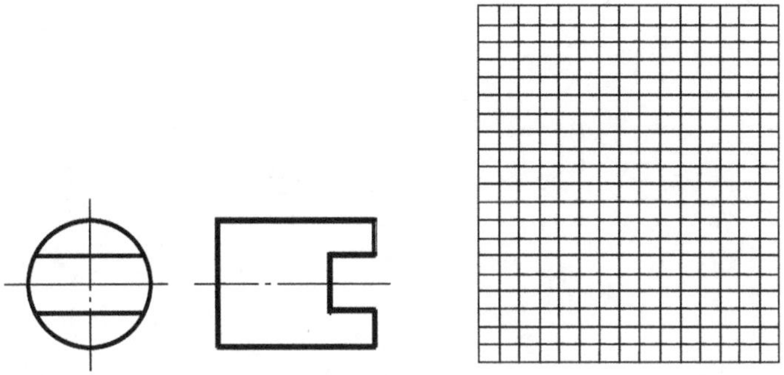

任务五 AutoCAD三维图的画法	班级________ 姓名______ 学号______

画出下列立体图（尺寸自定）

(1)

(2)

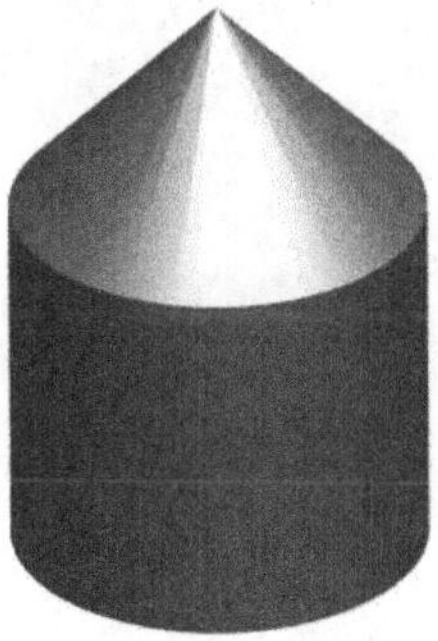

(3)

(4)

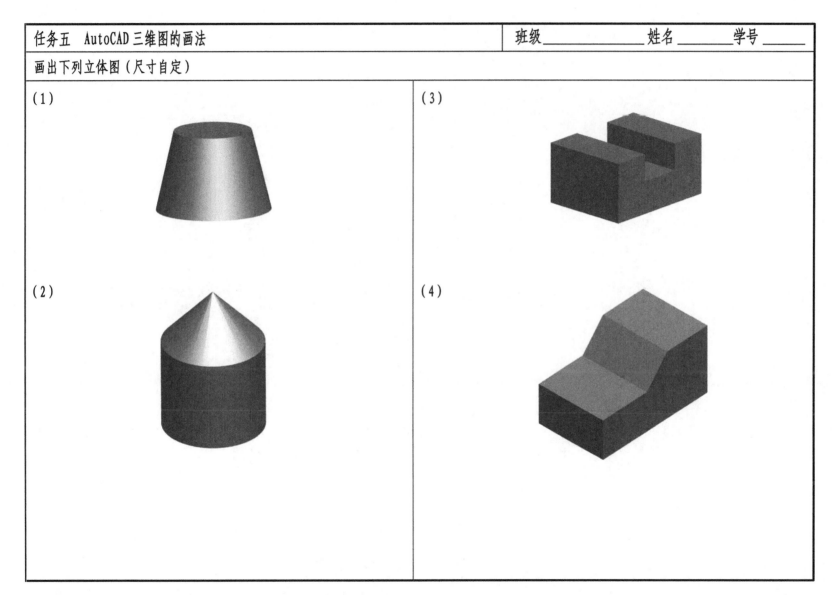

自测题 2

班级________ 姓名________ 学号________

1.已知点的两个投影，求其第三投影。

（1）

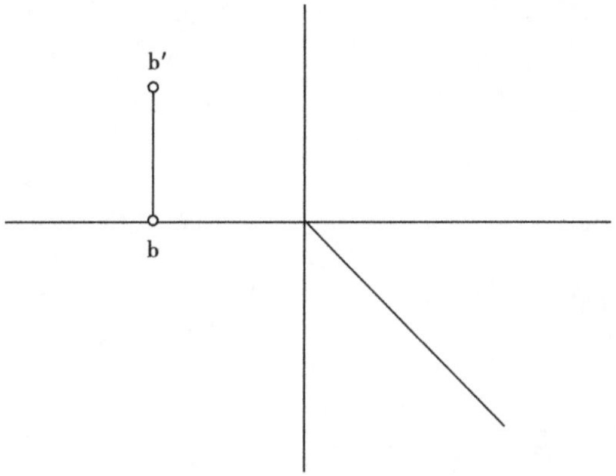

b′
b

（2）

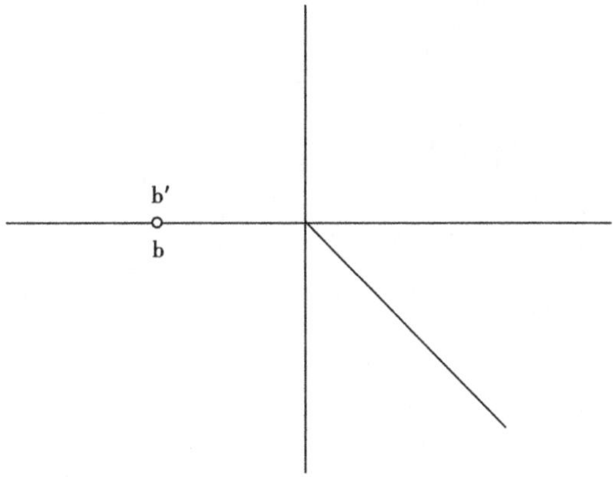

b′
b

2.根据立体图，补画第三视图。

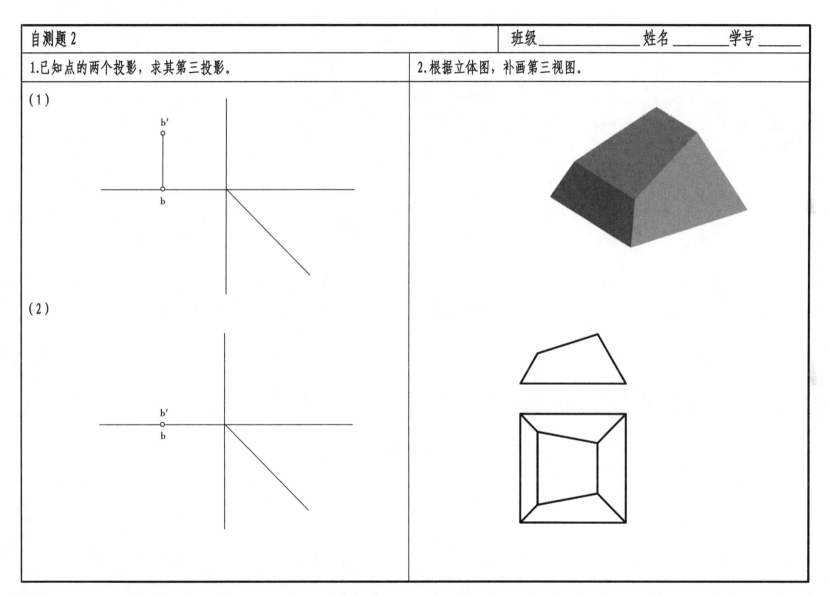

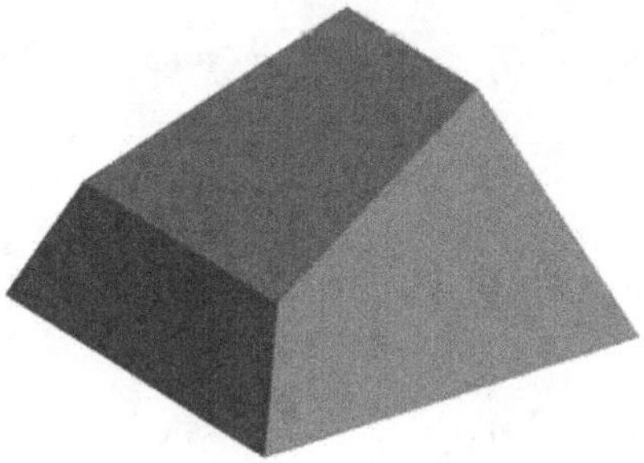

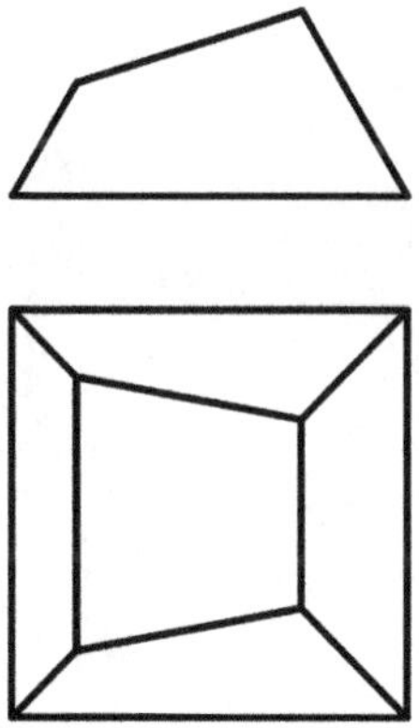

	班级______ 姓名______ 学号______

3.求基本体表面上点的其余投影。

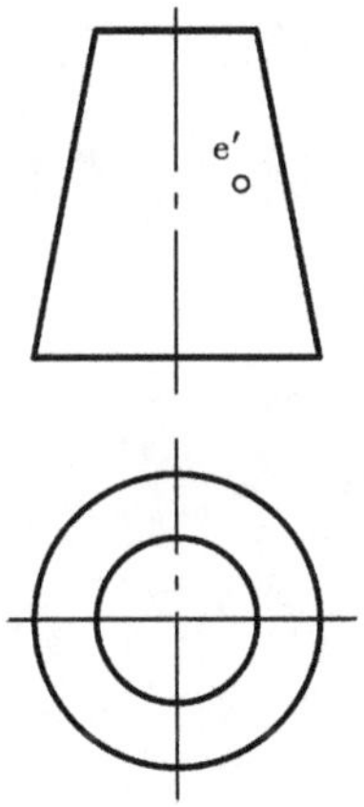
e′

4.根据两视图，补画第三视图（答案不少于3个）。

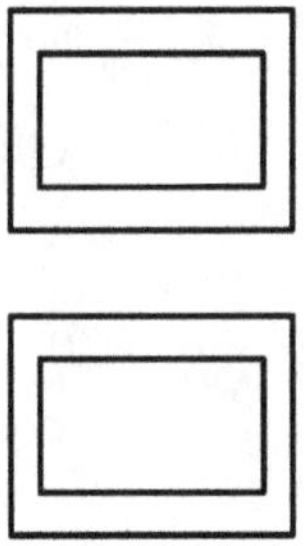

班级________ 姓名________ 学号________

5.根据三视图，画正等轴测图（1:1）。

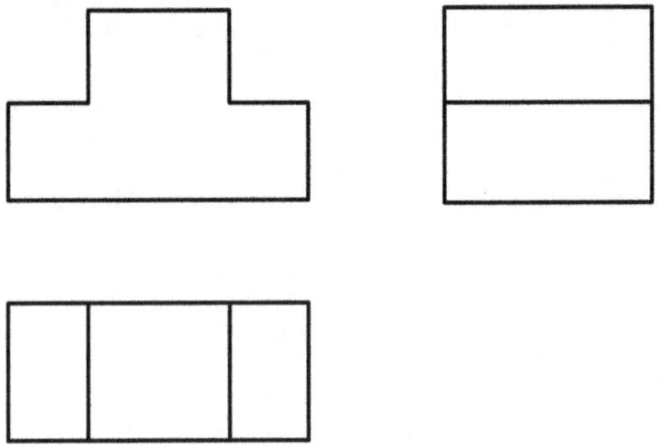

6.根据两视图，画斜二等轴测图（1:1）。

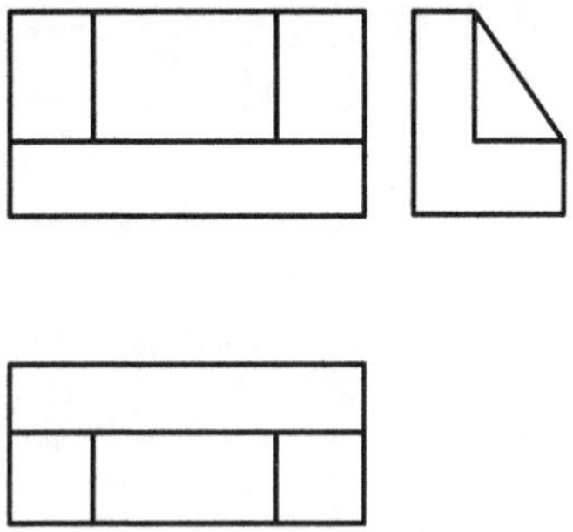

任务一　截交线和相贯线	班级______ 姓名______ 学号______

1. 根据截交线的投影，补画第三视图。

(1) 补画左视图。

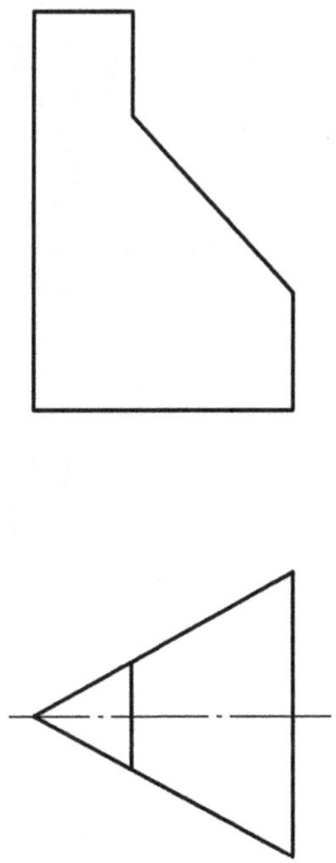

(2) 补画俯视图。

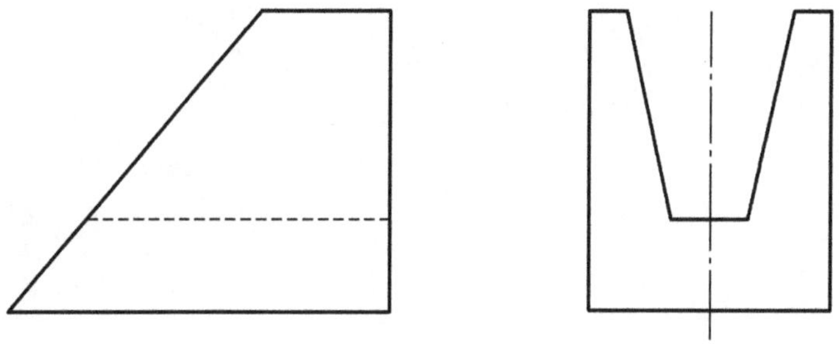

班级________ 姓名________ 学号________

(3)补画俯视图。

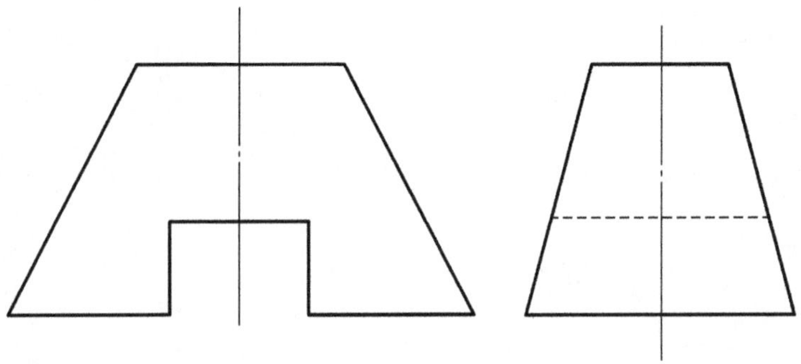

(4)补画左视图。

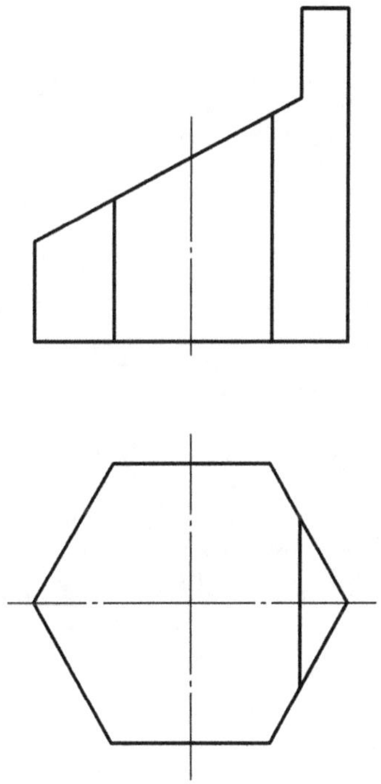

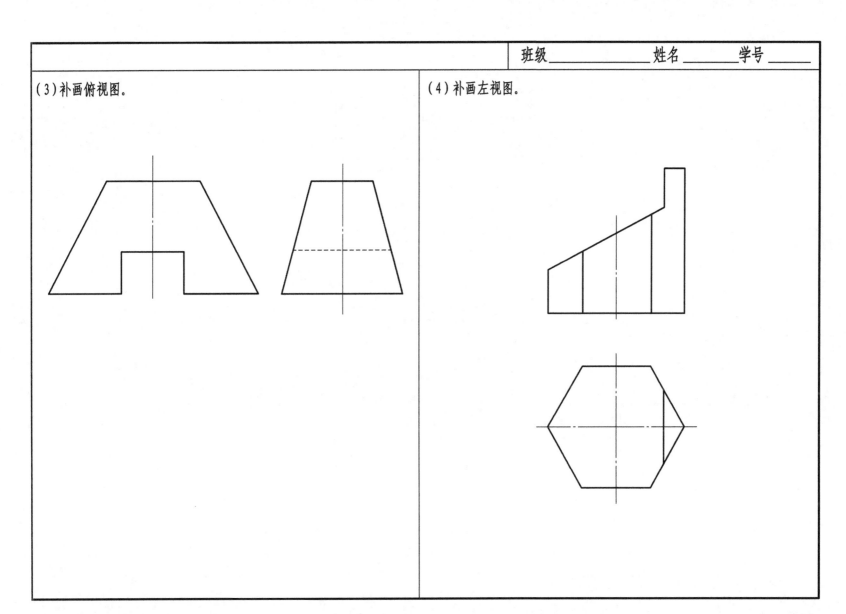

班级______ 姓名______ 学号______

(5)补画左视图。

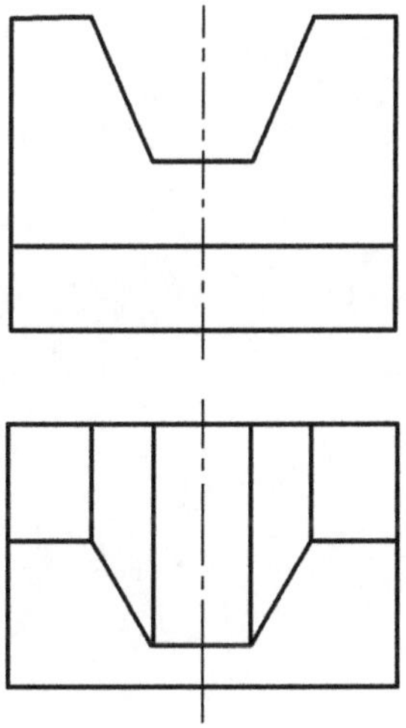

(6)补画俯视图。

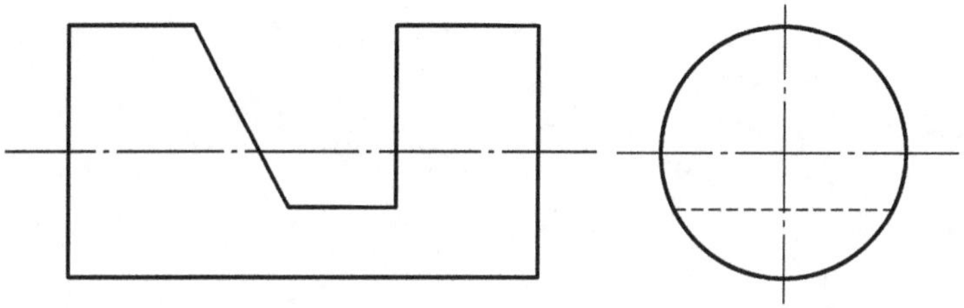

班级________ 姓名________ 学号________

2. 截交线自测题。

(1) 补画第三视图。

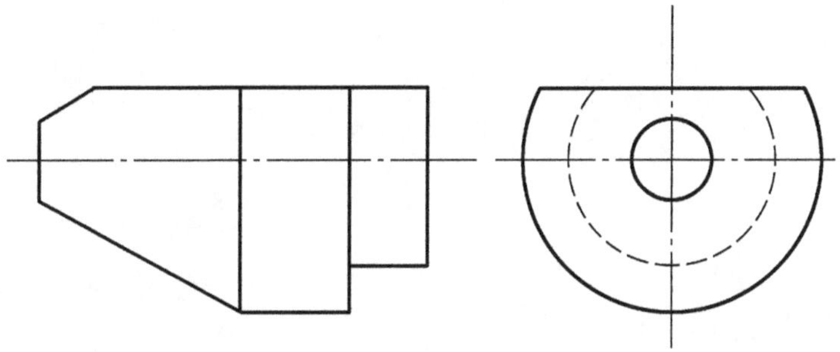

(2) 补画视图中所缺的图线。

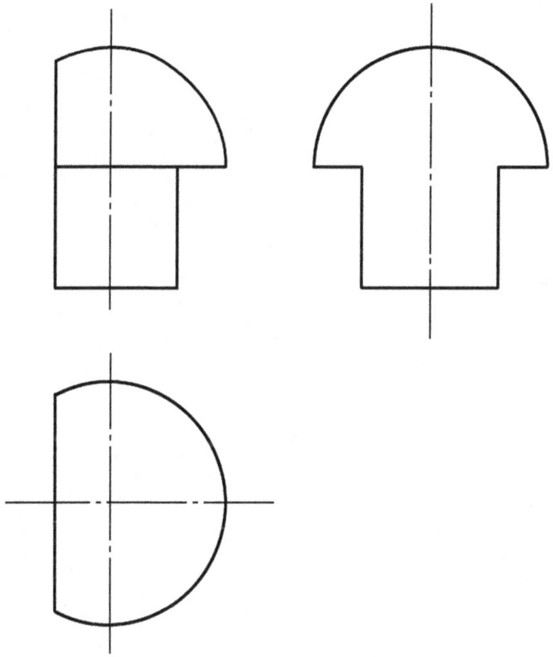

班级________ 姓名________ 学号________

3.根据三视图，补画相贯线的投影。

(1)画出主视图的相贯线。

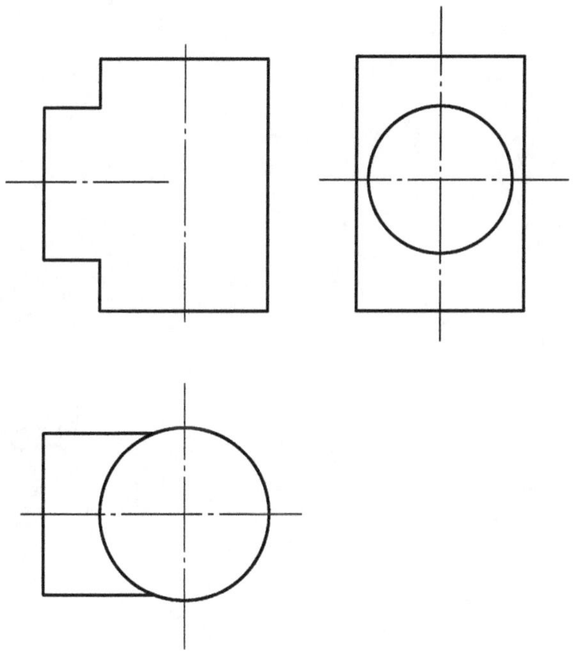

(2)画出主、左视图的相贯线。

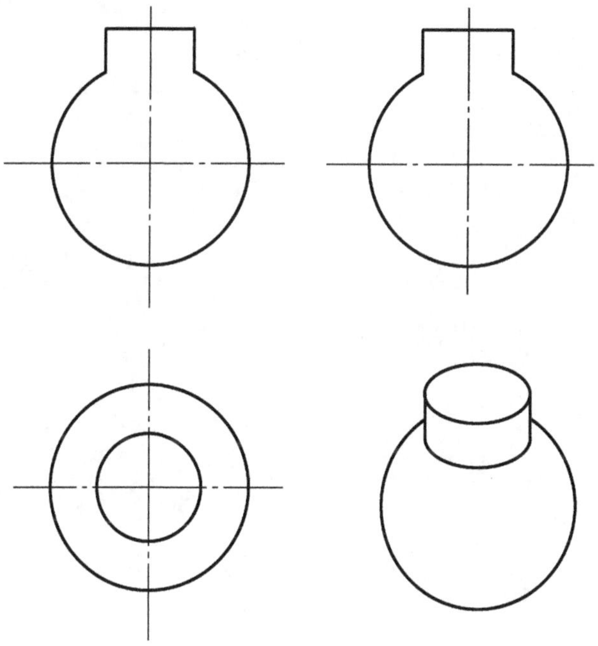

班级＿＿＿＿＿＿ 姓名＿＿＿＿ 学号＿＿＿

(3)画出主视图的相贯线。

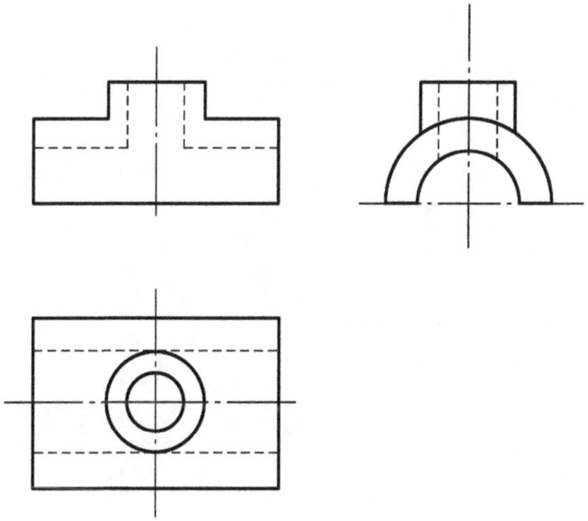

(4)画出俯视图的相贯线。

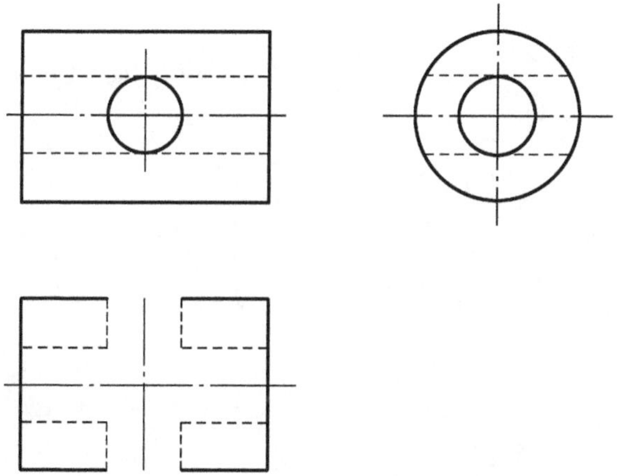

班级________ 姓名________ 学号________

4.根据两面视图，想出相贯线的形状，并补画第三视图。

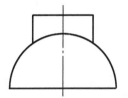

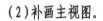

(1)补画主视图。

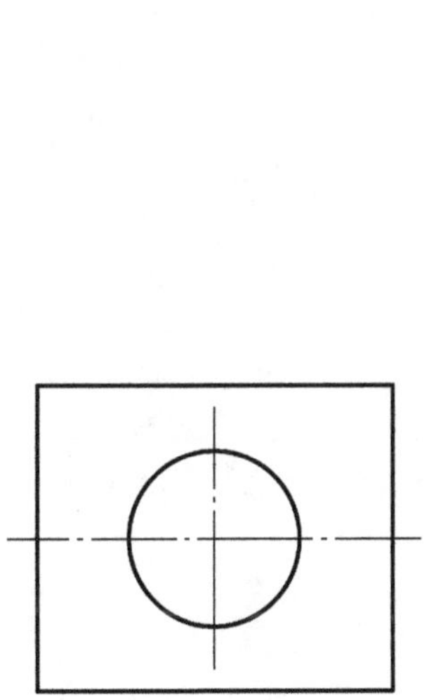

(2)补画主视图。

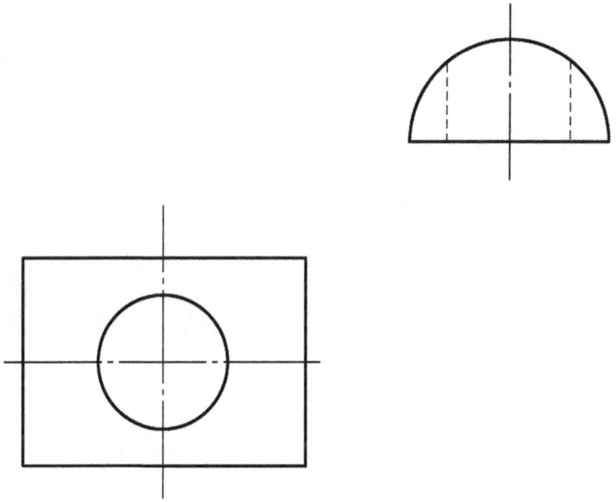

班级________ 姓名________ 学号______

(3)补画俯视图。

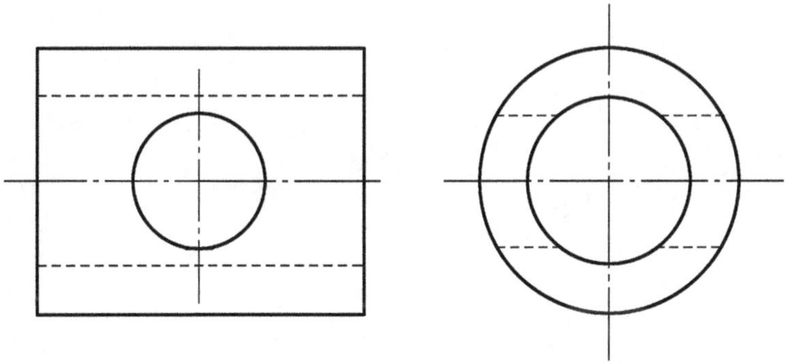

(4)补画主视图。

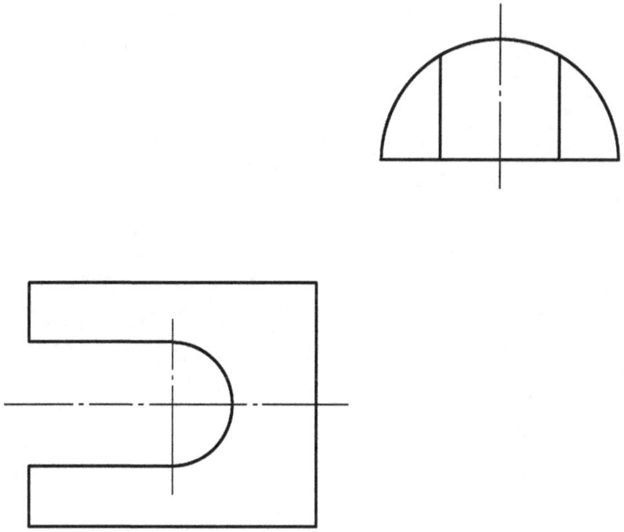

班级________ 姓名________ 学号________

5.相贯线自测题。

(1)补画左视图的缺线。

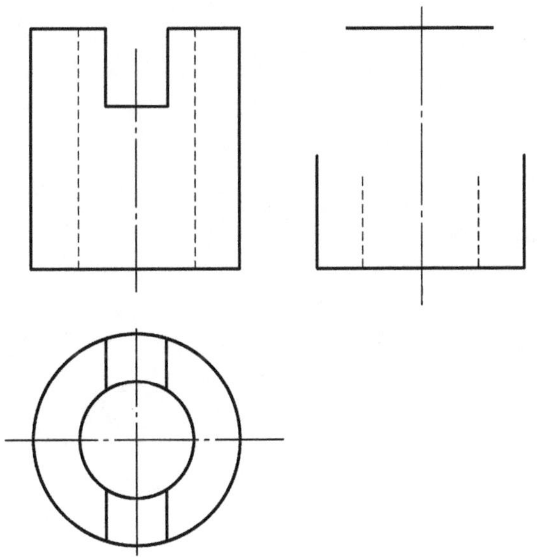

(2)补画三个视图中的缺线。

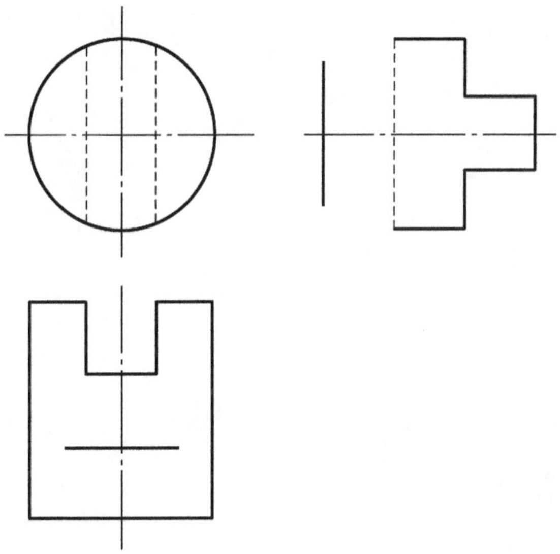

班级______ 姓名______ 学号______

(3)补画主视图，注意相贯线的形状。

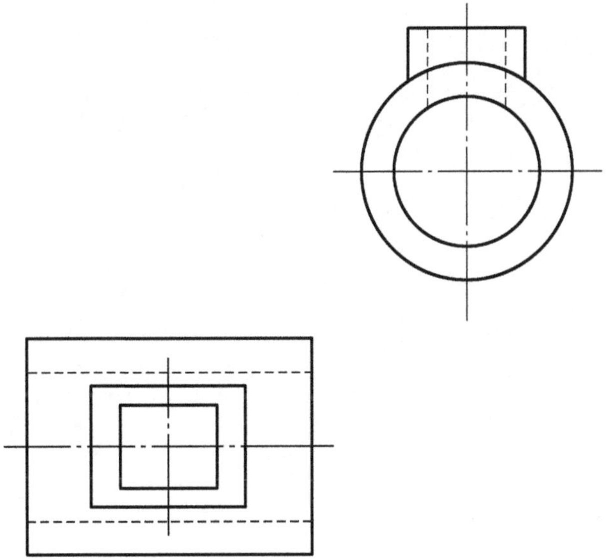

(4)补画主视图，注意相贯线的画法。

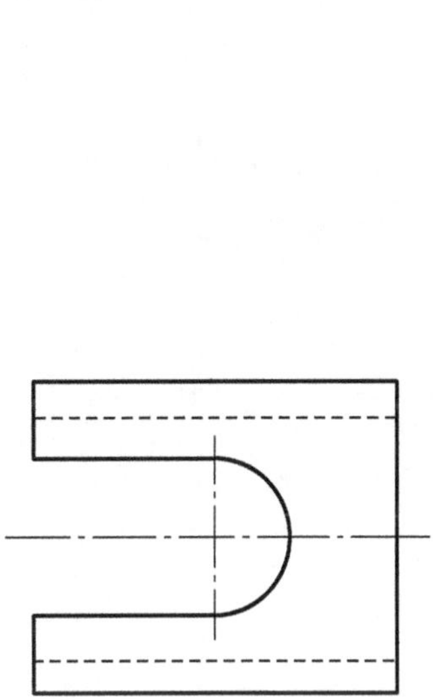

任务二　组合体的组合形式和形体分析法　　班级________ 姓名________ 学号________

1.补画视图中所缺的图线。

(1)画出主视图上的切线。

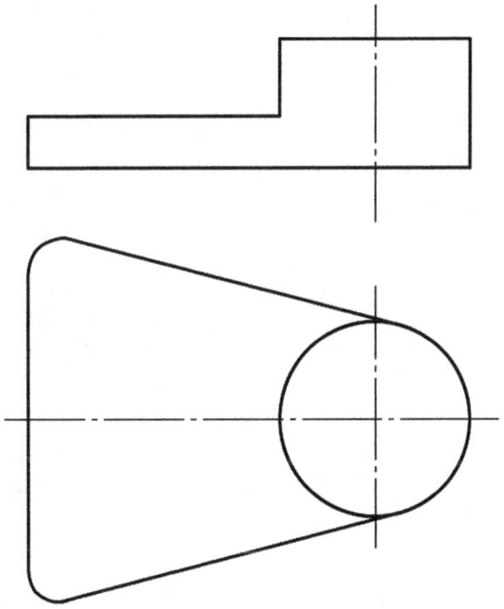

(2)画出主视图上的切线。

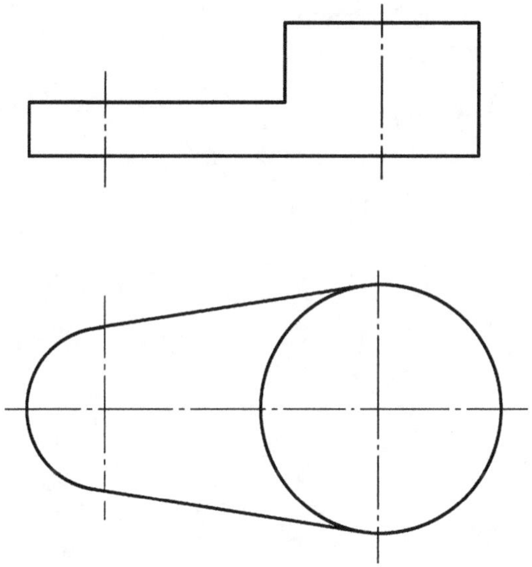

班级________ 姓名________ 学号________

(3)画出主视图上的切线。

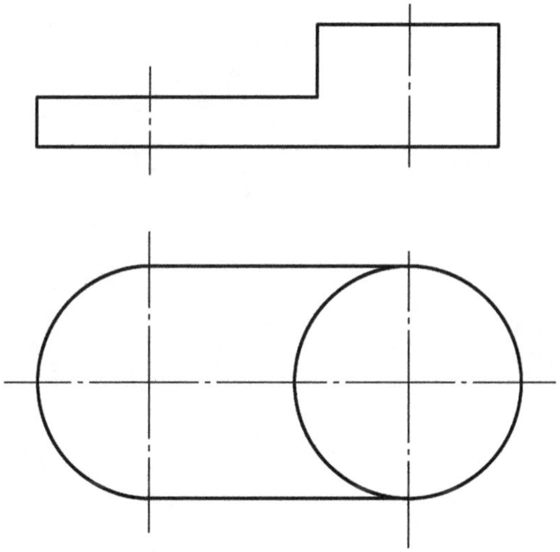

(4)画出主视图上的交线。

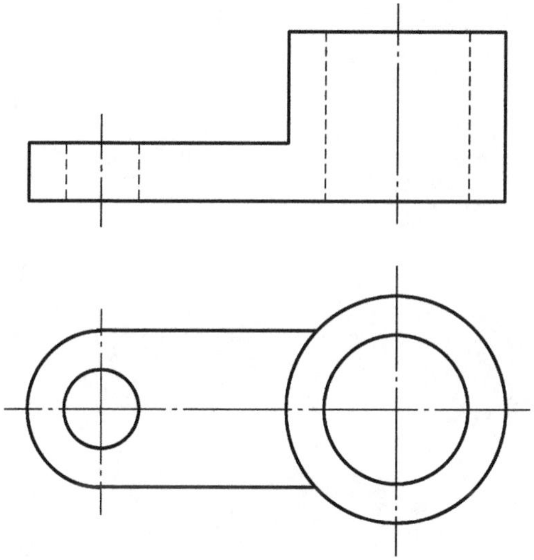

班级________ 姓名________ 学号________

2.想象立体形状，补画图中漏线。

(1)

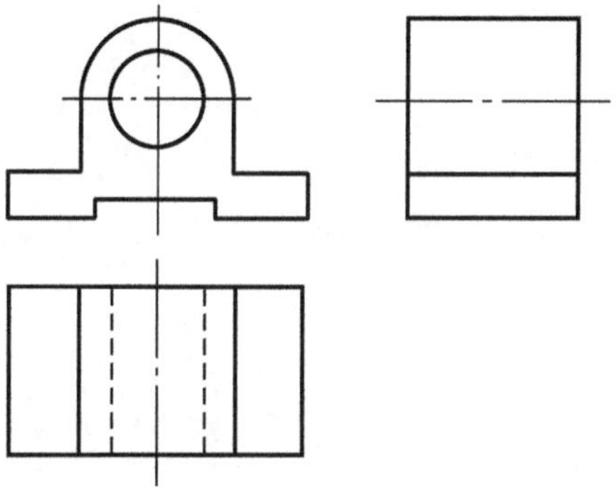

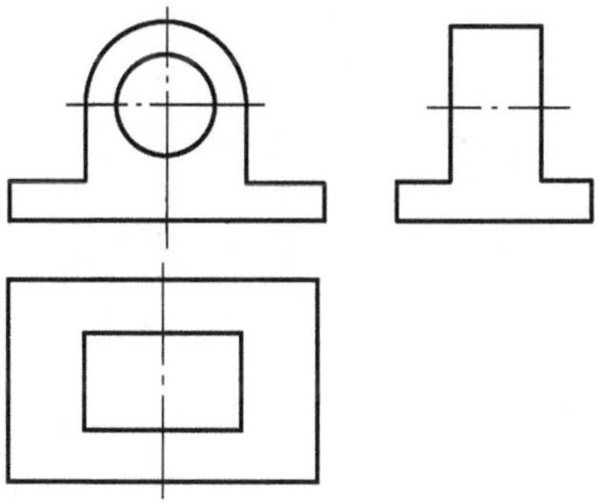

(2)

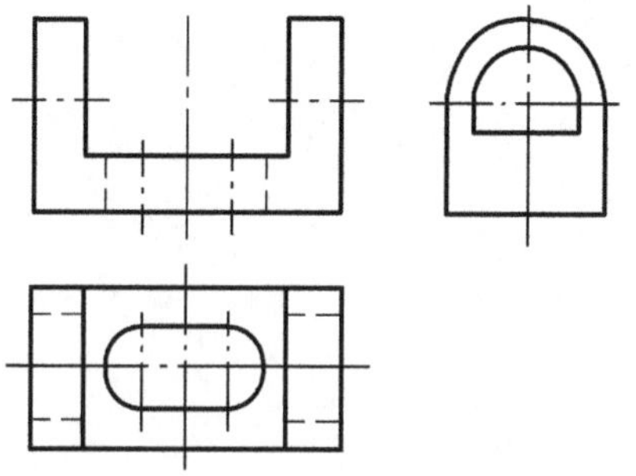

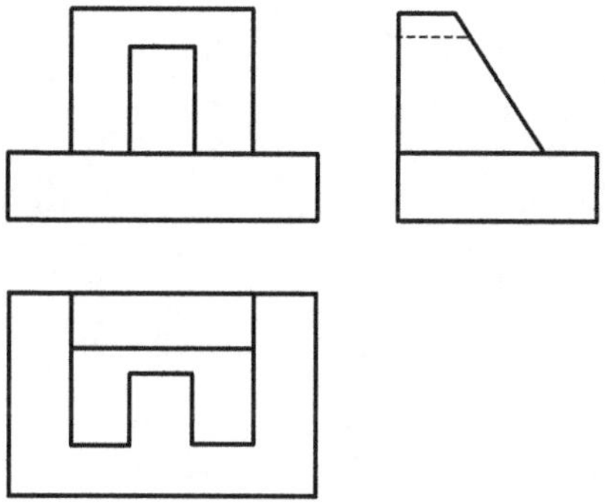

任务三　组合体的三视图。	班级________ 姓名________ 学号________

1.根据轴测图画三视图（尺寸从图中量取）。

(1)

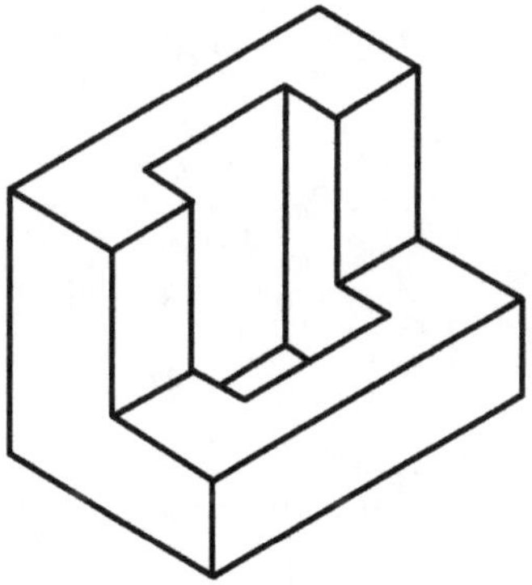

(2)

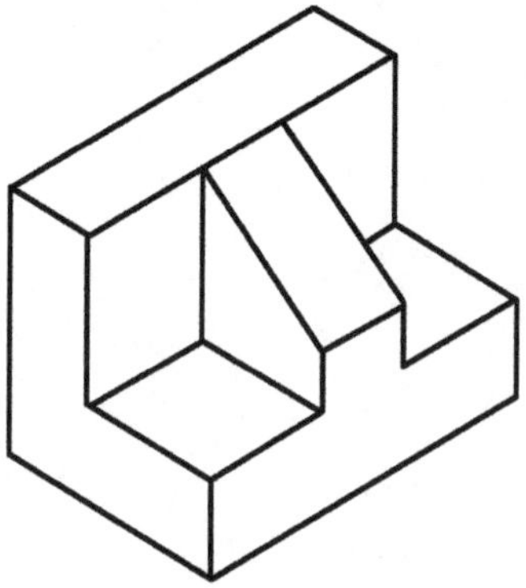

班级______________ 姓名________ 学号______

(3)

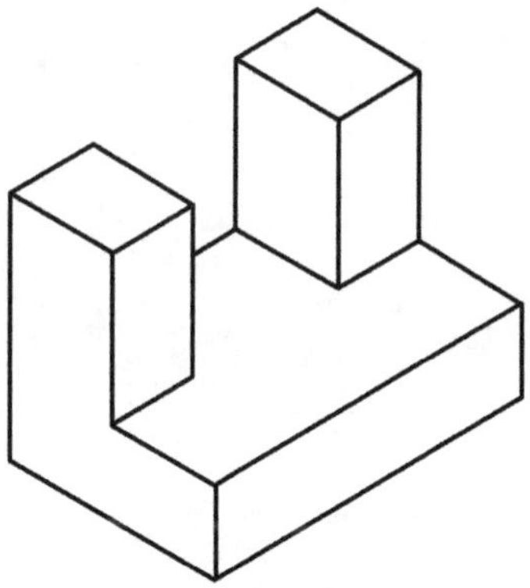

(4)

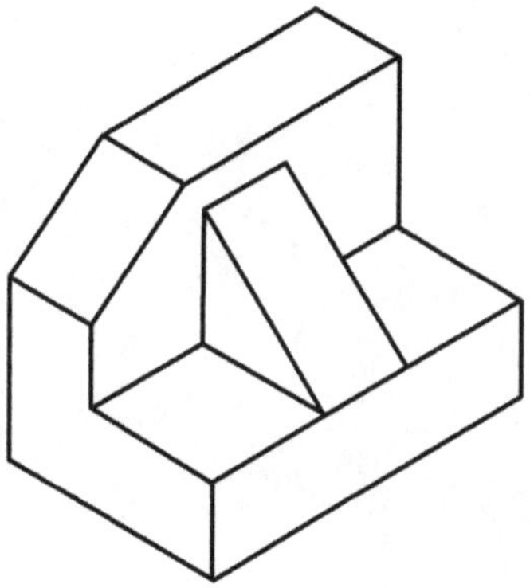

班级______ 姓名______ 学号______

(5)

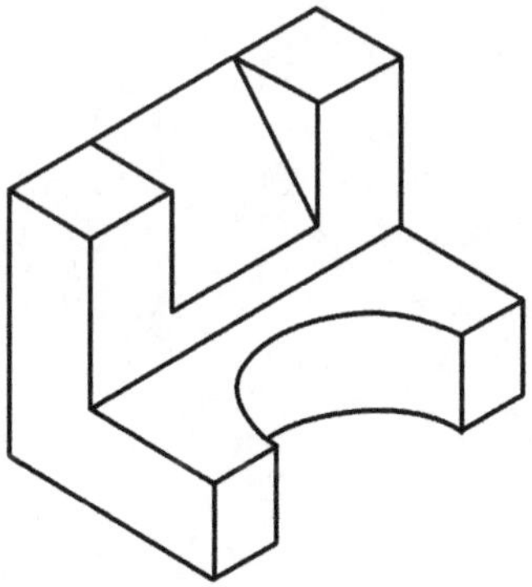

(6)

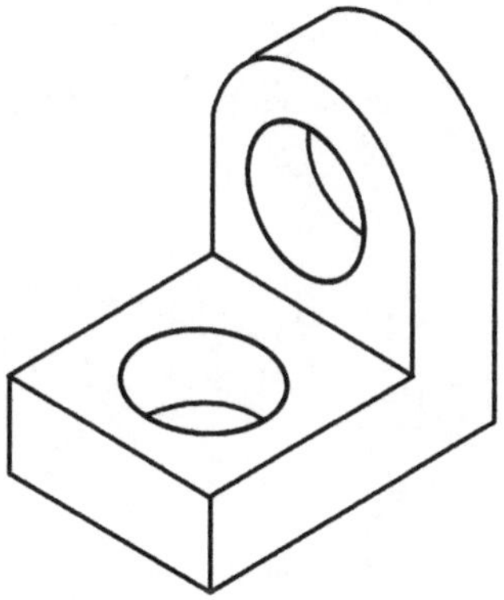

班级__________ 姓名________ 学号______

2.根据轴测图，徒手绘制三视图。

(1)

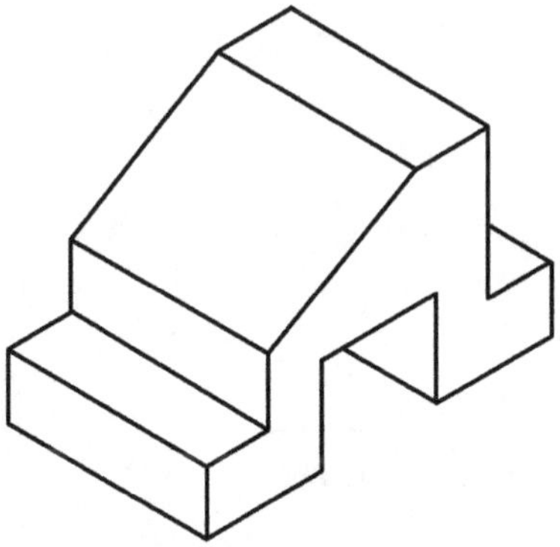

(2)

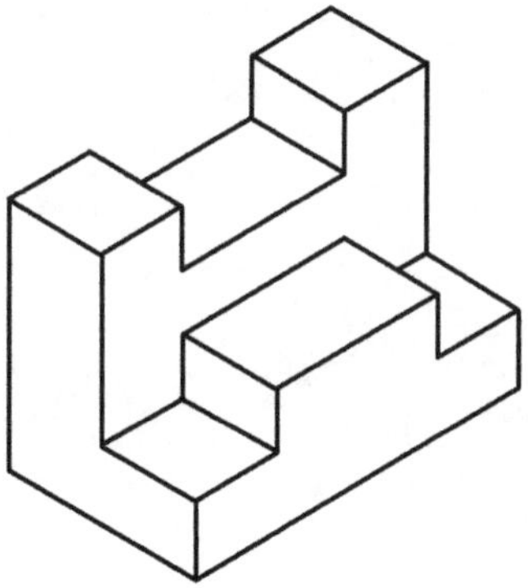

班级________ 姓名________ 学号________

(3)

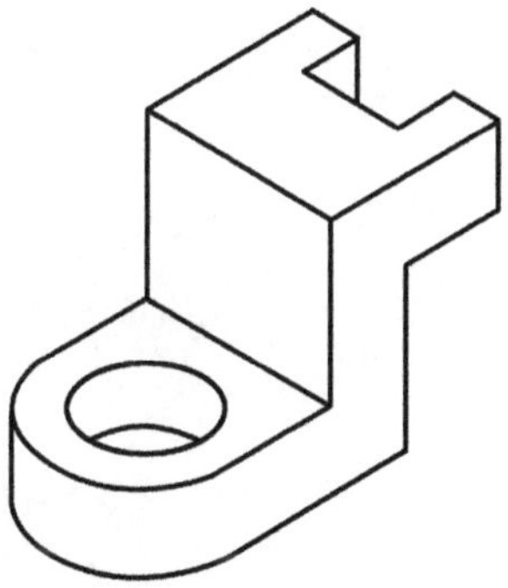

(4)

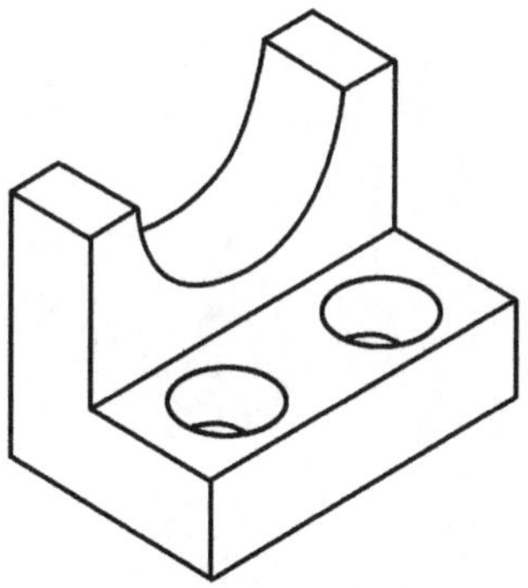

班级______________ 姓名________ 学号______

(5)

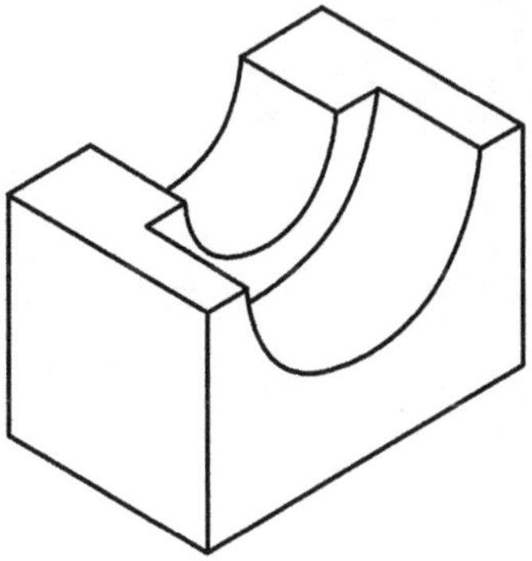

(6)

班级________ 姓名________ 学号________

3.根据立体图，补画视图中的漏线。

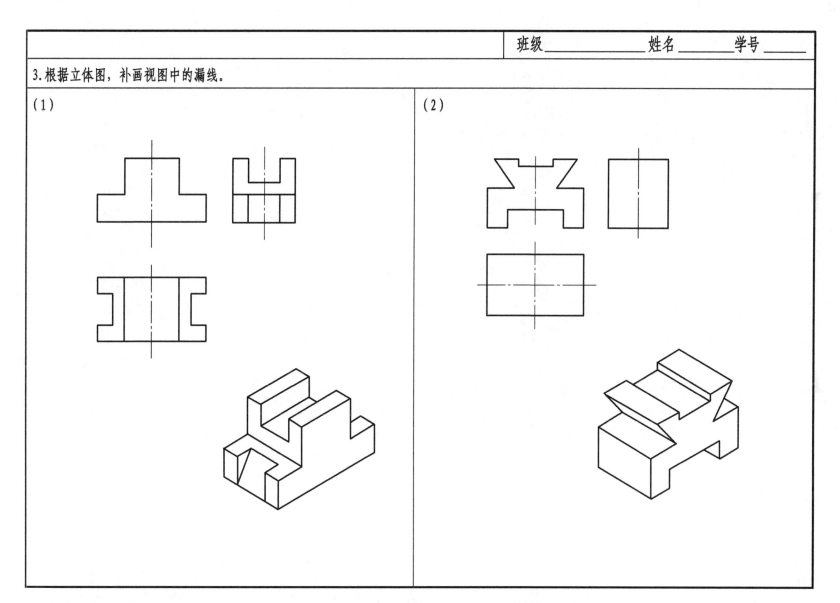

(1)

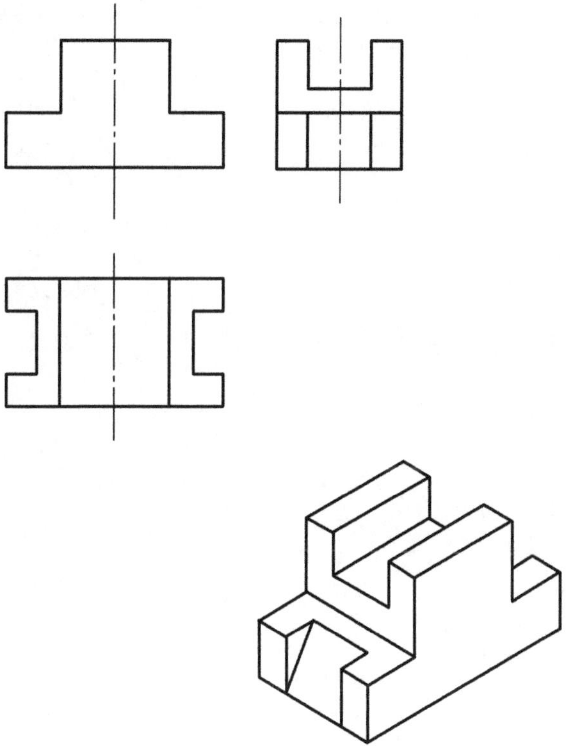

(2)

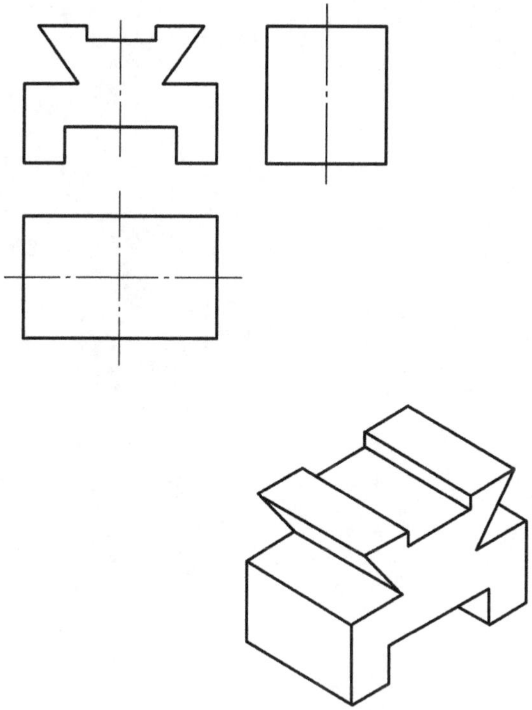

(3)

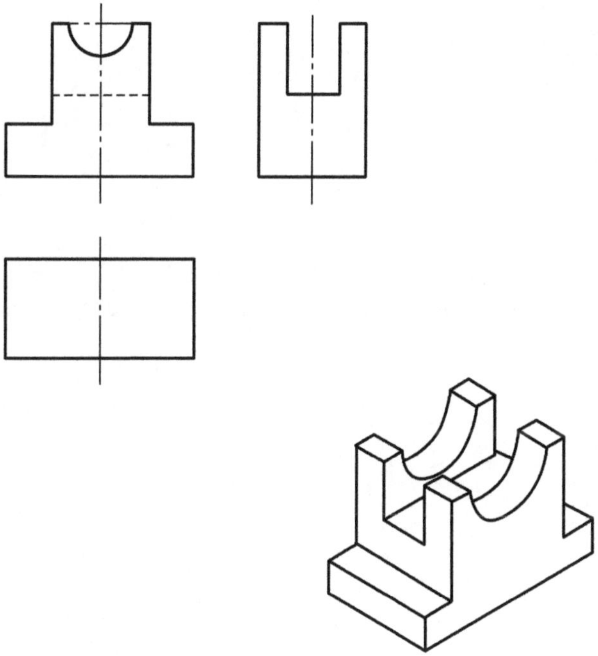

(4)

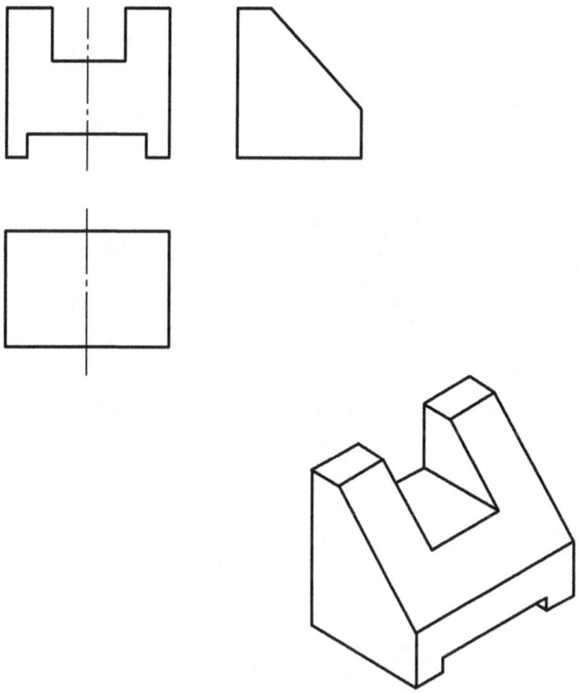

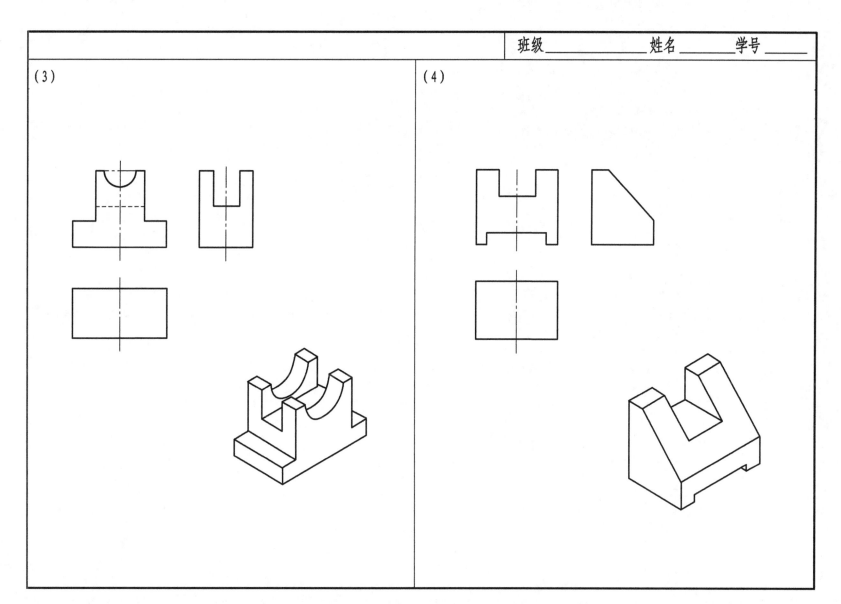

任务四　组合体的尺寸标注

班级________ 姓名________ 学号________

1.指出视图中重复或多余的尺寸(打叉)，并标注遗漏的尺寸(不注尺寸数字)。

(1)

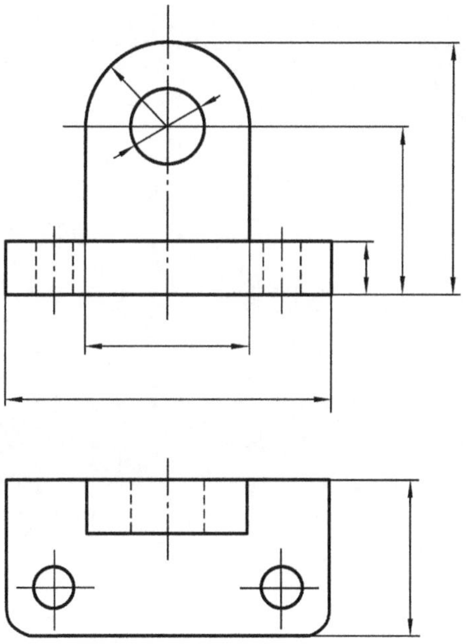

(2)

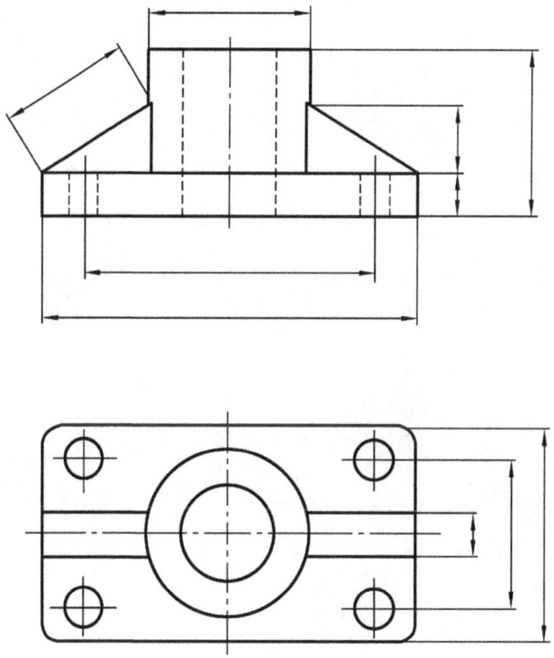

班级________姓名______学号______

(3)

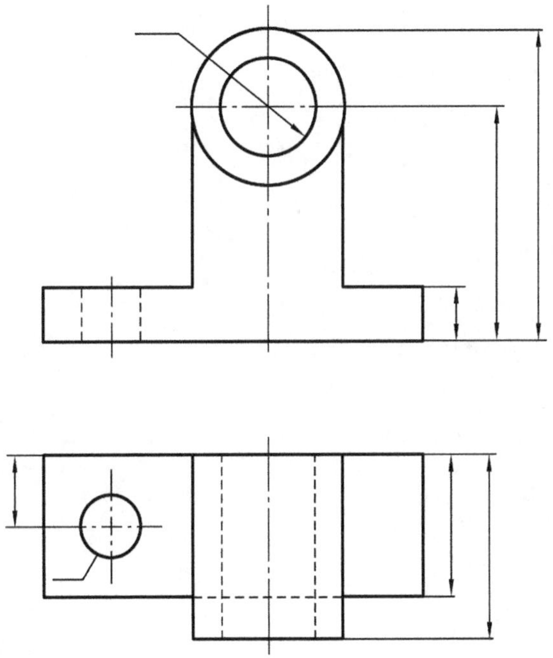

(4)

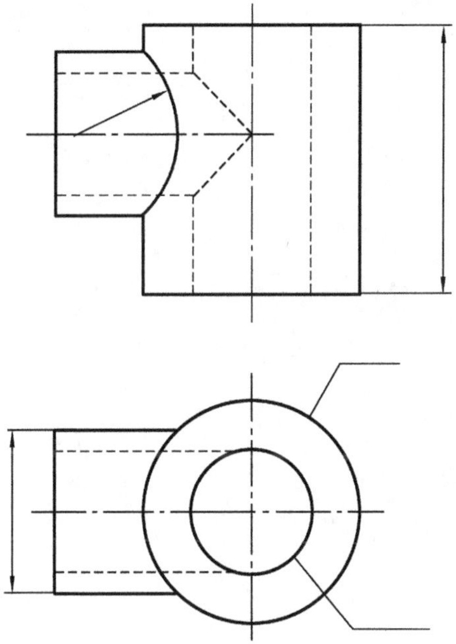

班级______ 姓名______ 学号______

2.组合体尺寸标注自测题，分析试图，想出形状，标注尺寸（尺寸数值按1:1的比例从图中量取整数）。

(1)

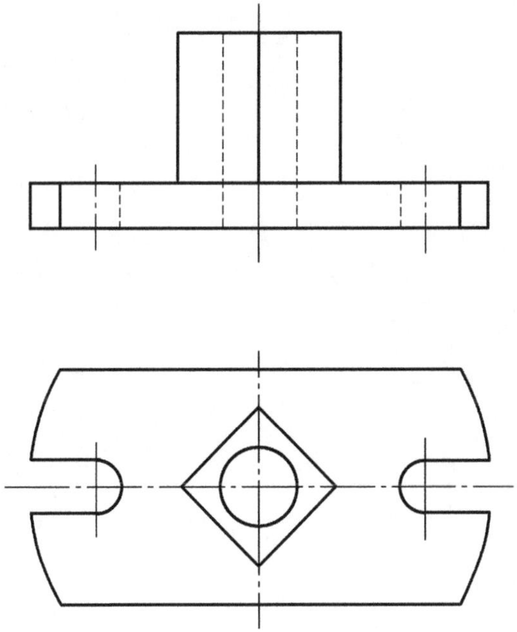

(2)

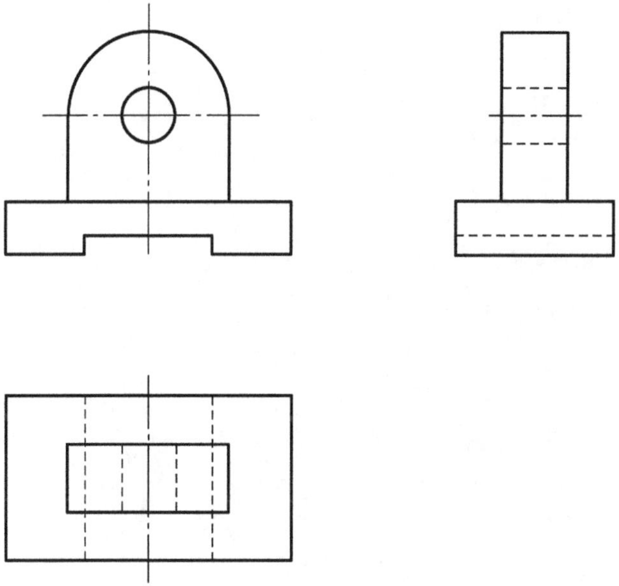

任务五　读组合体视图　　班级__________ 姓名________ 学号______

1. 根据立体图，补画第三视图。

(1) 补画左视图。

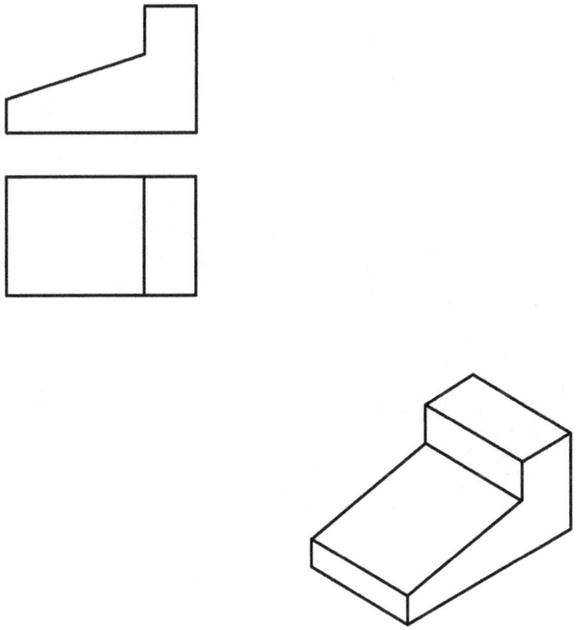

(2) 补画俯视图。

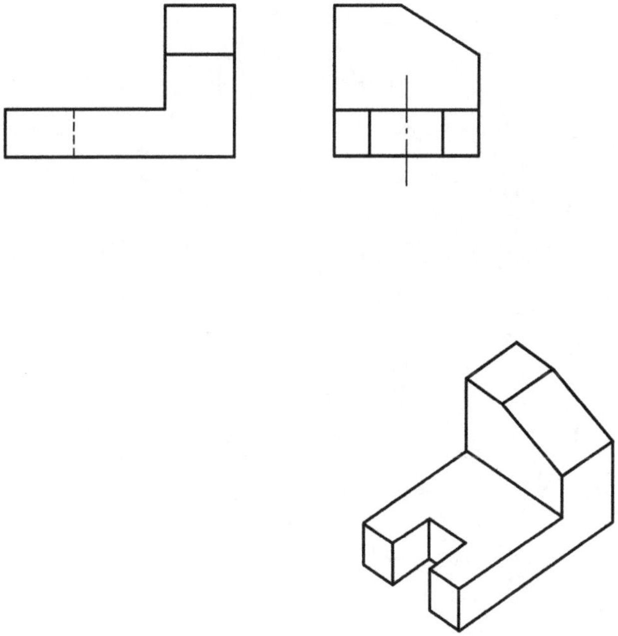

班级______________ 姓名________ 学号______

(3)补画左视图。

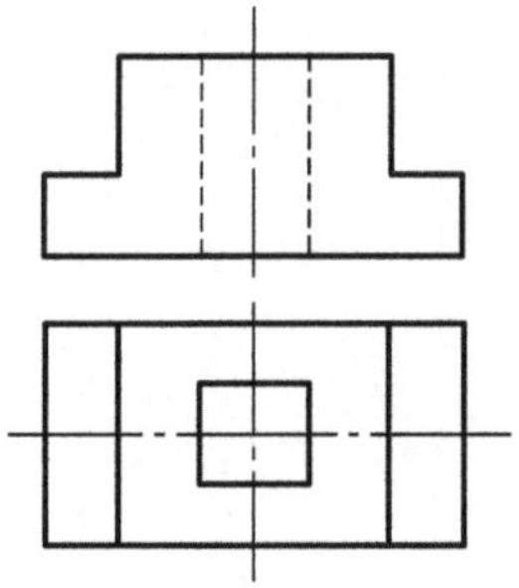

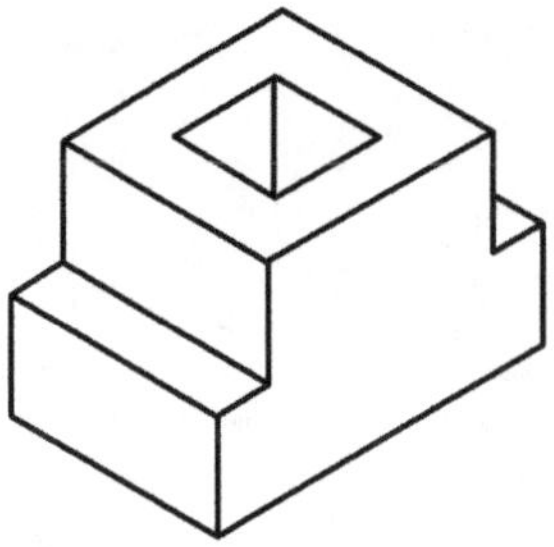

(4)补画俯视图。

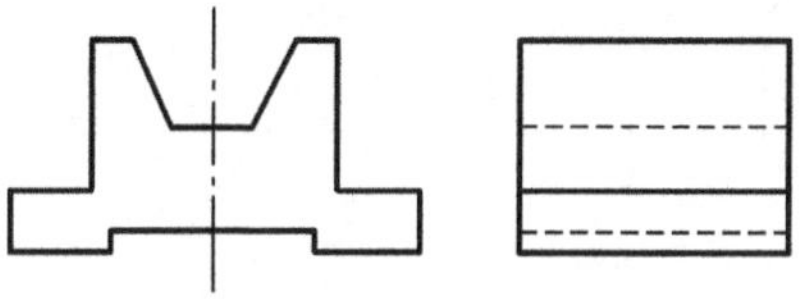

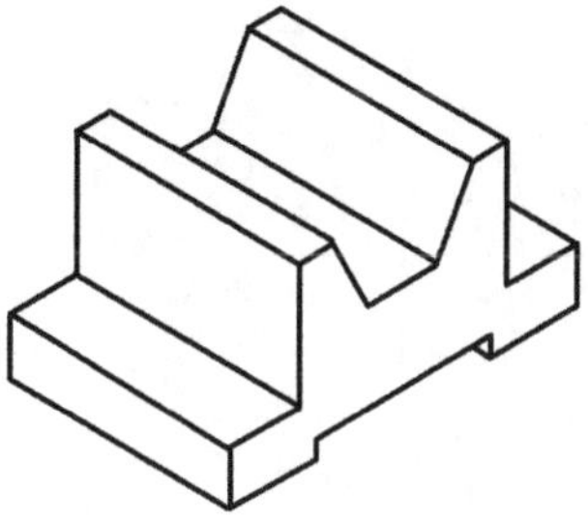

班级________ 姓名________ 学号________

2.根据三视图，想象立体形状，补画图中的漏线。

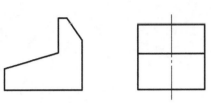

(1)

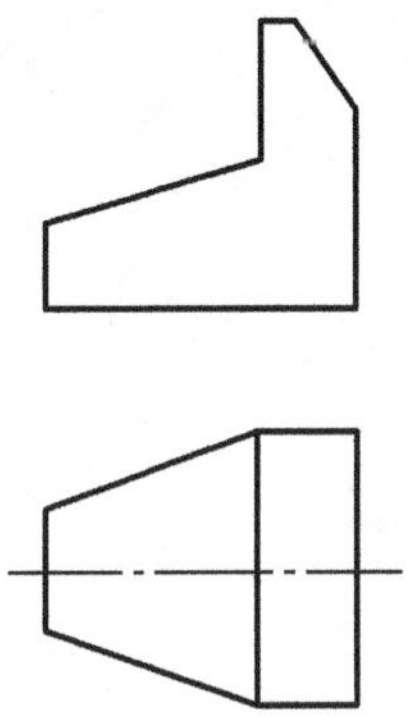

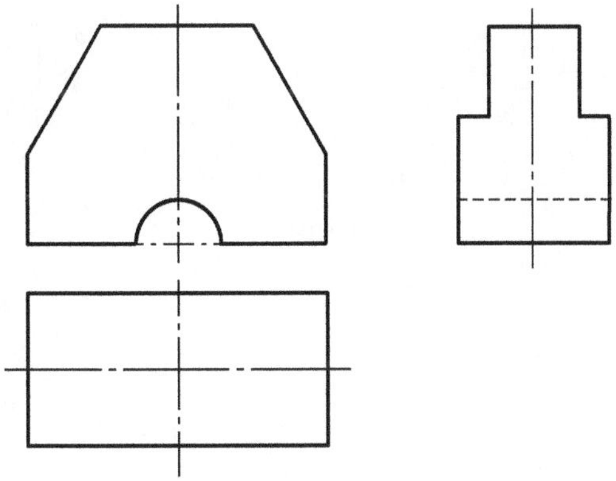

(2)

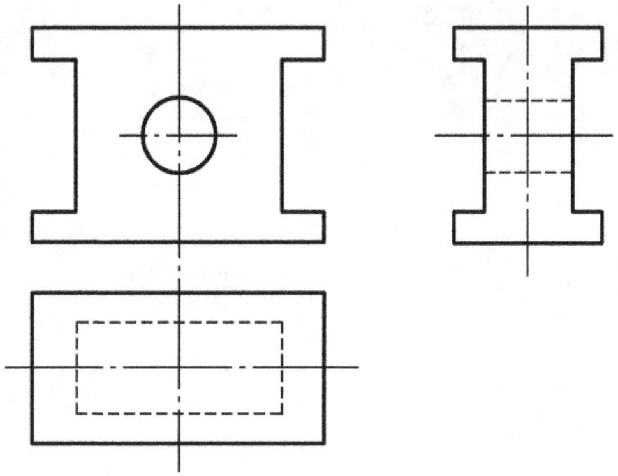

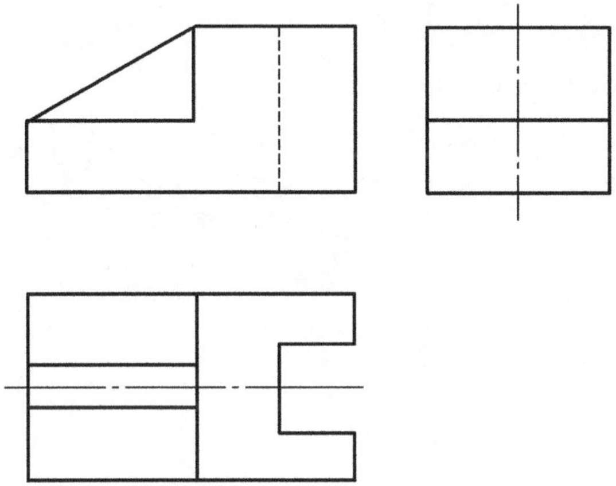

班级________ 姓名________ 学号________

3.补画漏线自测题。

(1)

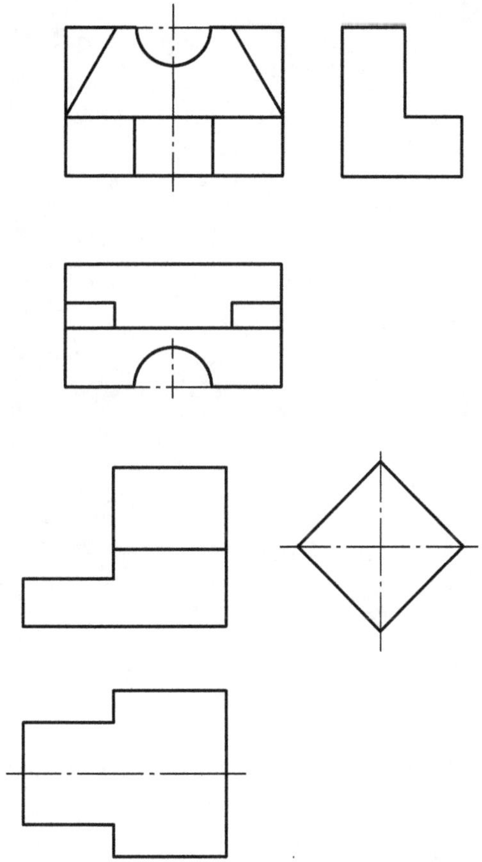

(2)

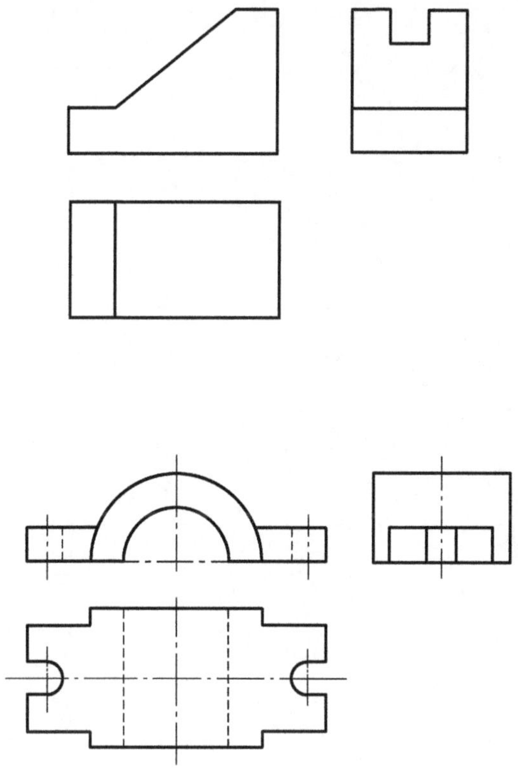

班级＿＿＿＿＿ 姓名＿＿＿＿ 学号＿＿＿

4.已知两个视图，补画第三视图。

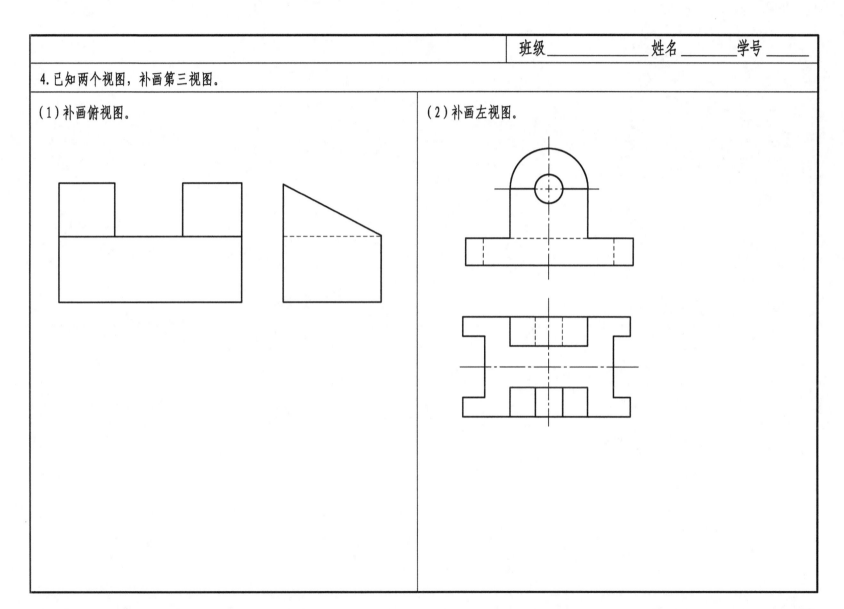

(1)补画俯视图。

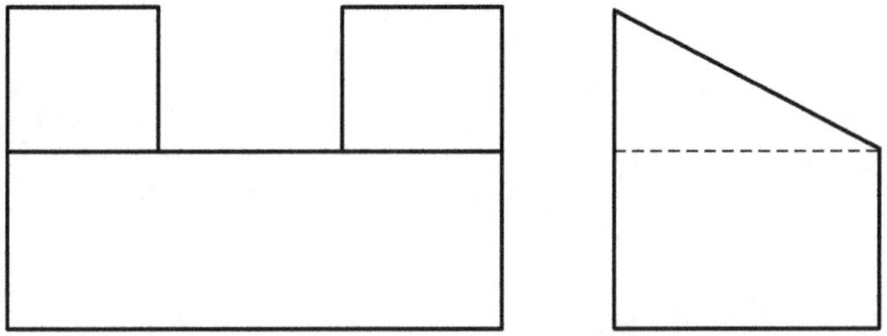

(2)补画左视图。

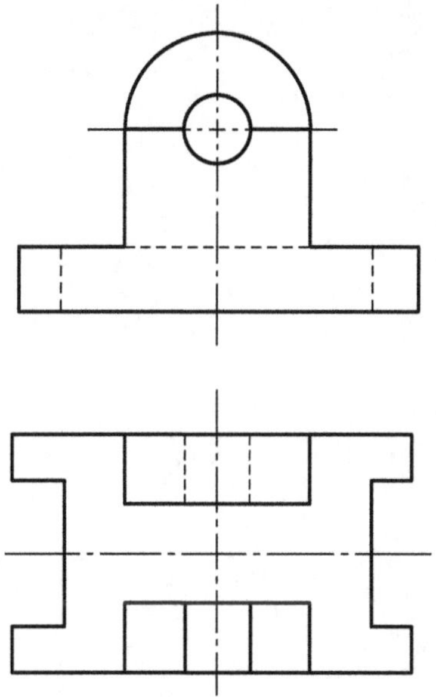

班级______________姓名________学号______

(3)补画主视图。

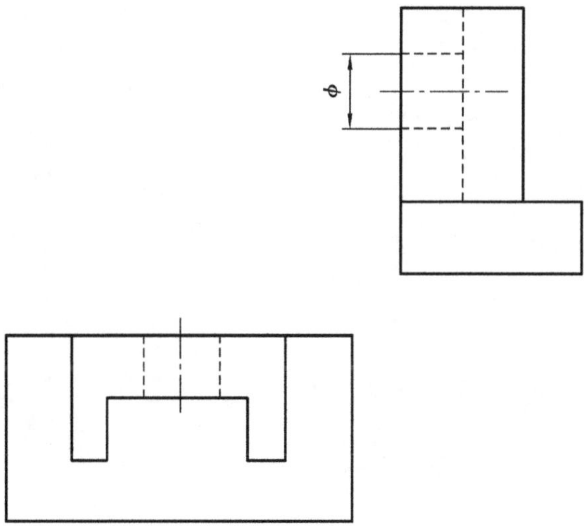

φ

(4)补画左视图。

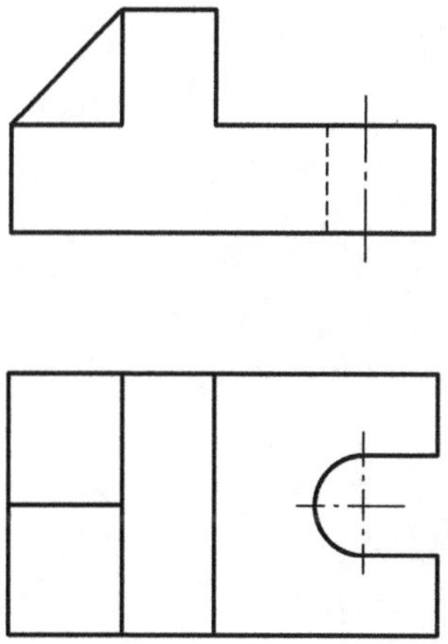

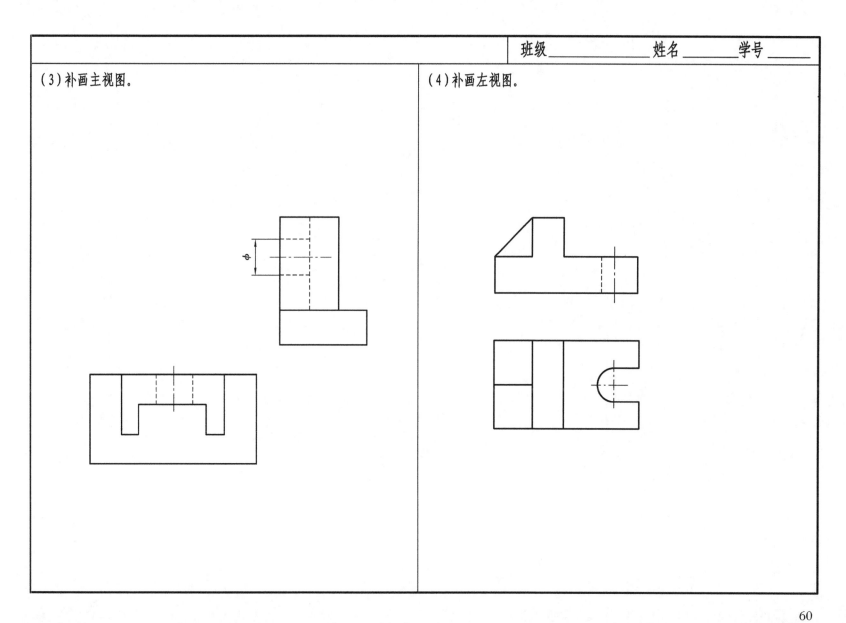

班级______ 姓名______ 学号______

(5)补画左视图。

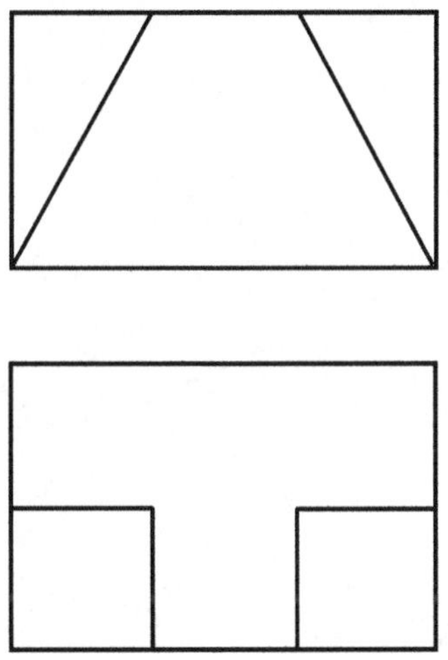

(6)补画左视图。

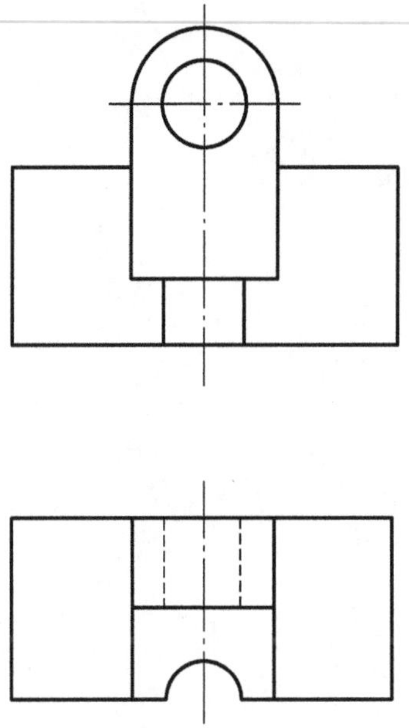

班级__________ 姓名________ 学号______

5.组合体自测题，已知两个视图，补画第三视图。

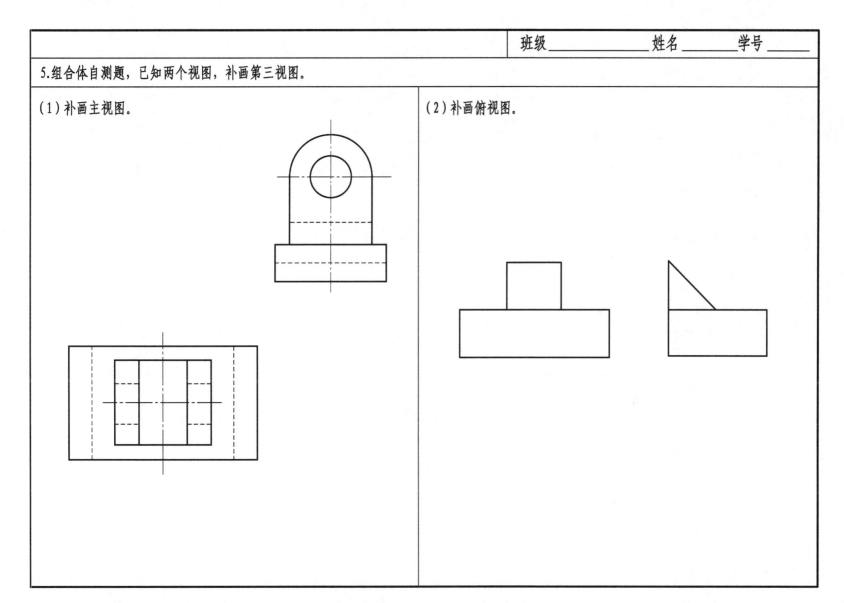

(1) 补画主视图。

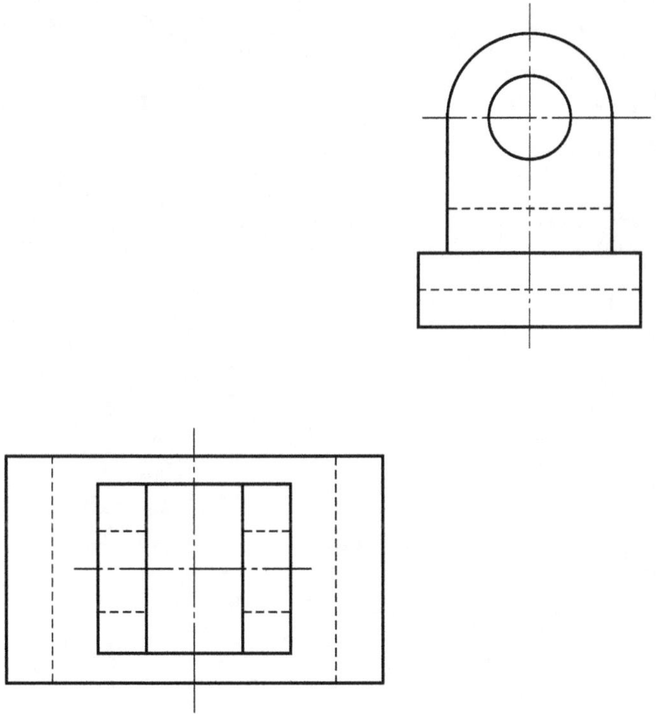

(2) 补画俯视图。

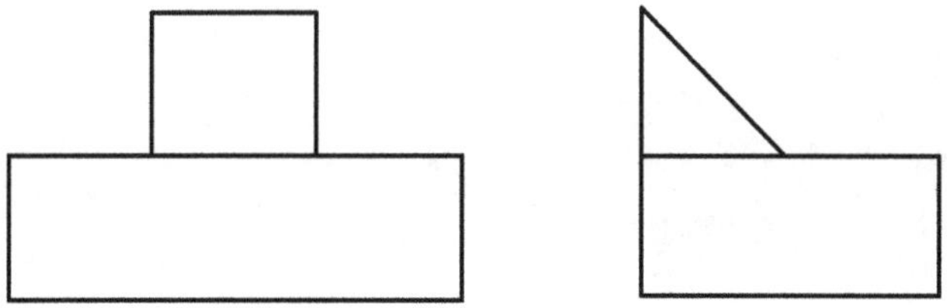

班级________ 姓名________ 学号________

5.组合体自测题，已知两个视图，补画第三视图。

(1)补画主视图。

(2)补画俯视图。

班级________ 姓名________ 学号________

(3)补画俯视图。

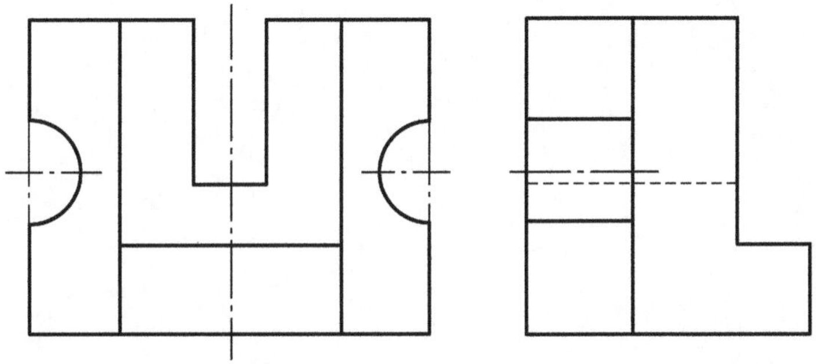

(4)补画左视图。

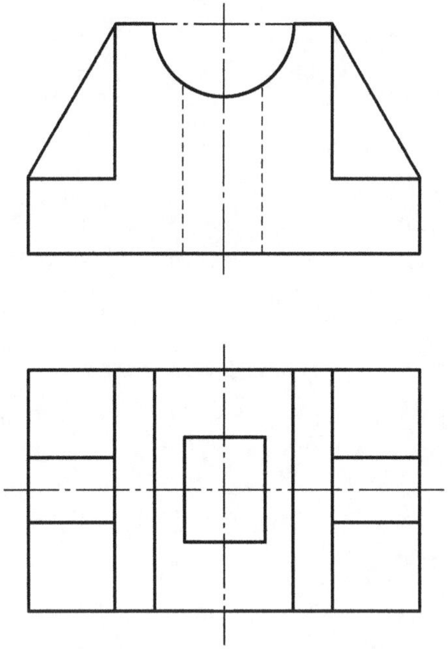

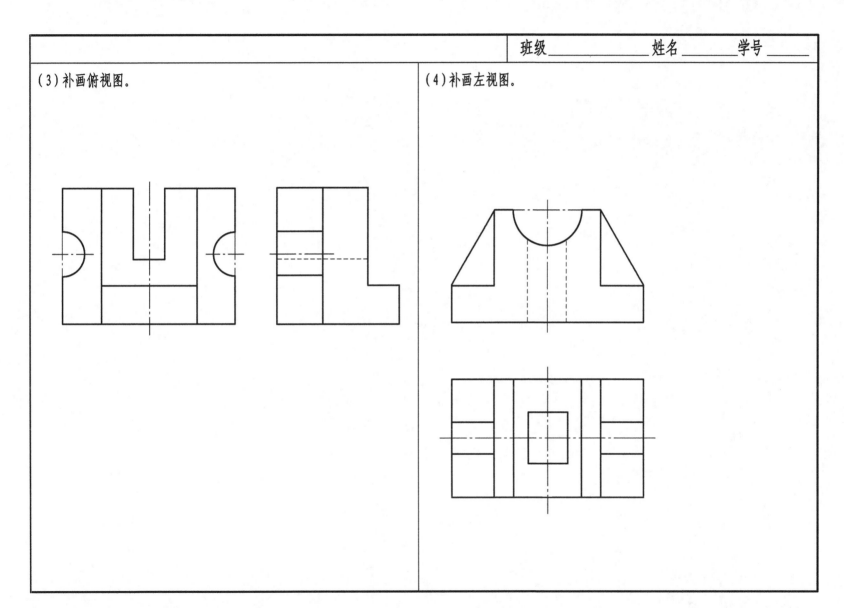

班级______________ 姓名 ________ 学号 ______

(5)补画俯视图。

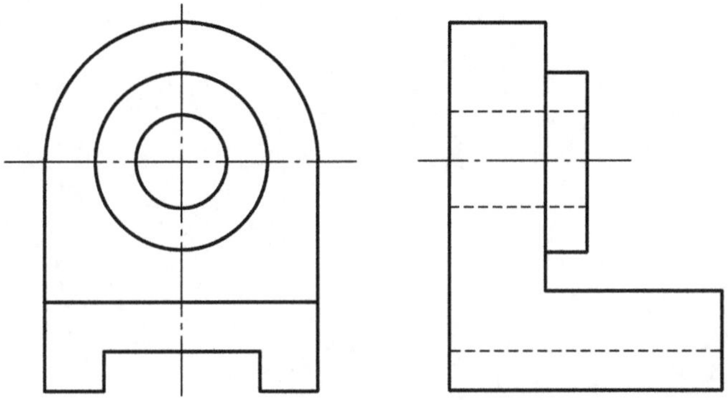

(6)补画左视图。

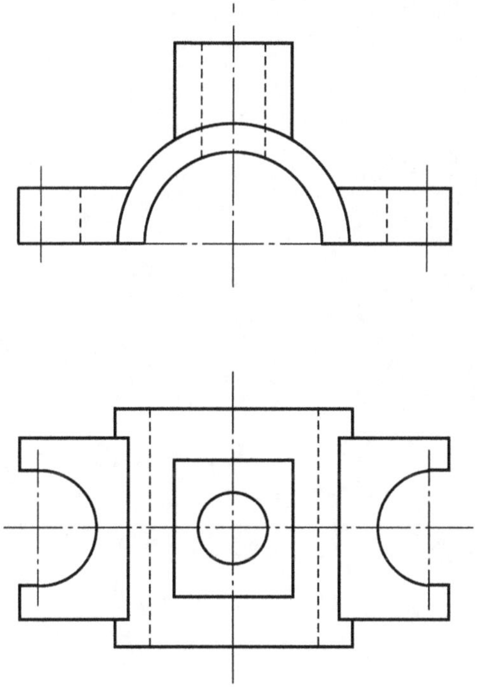

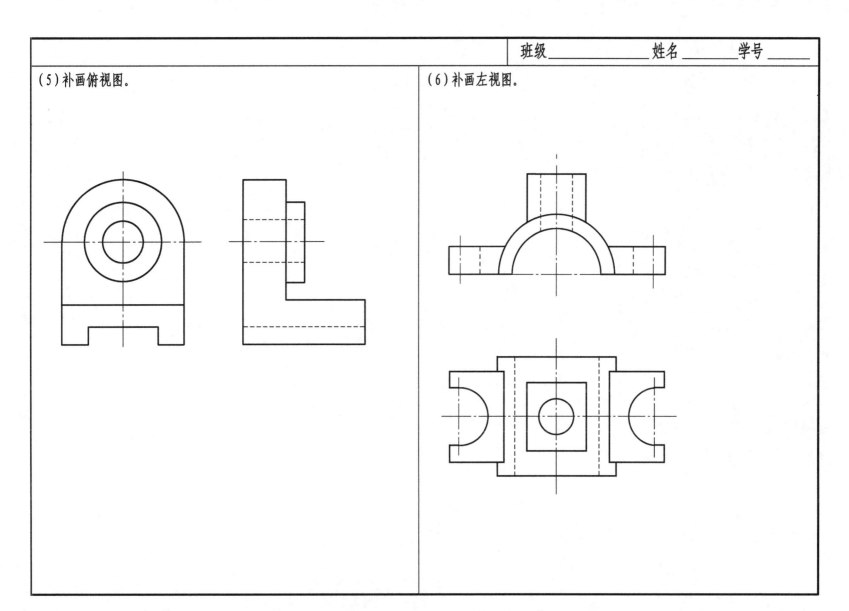

班级________ 姓名________ 学号________

(7)补画左视图。

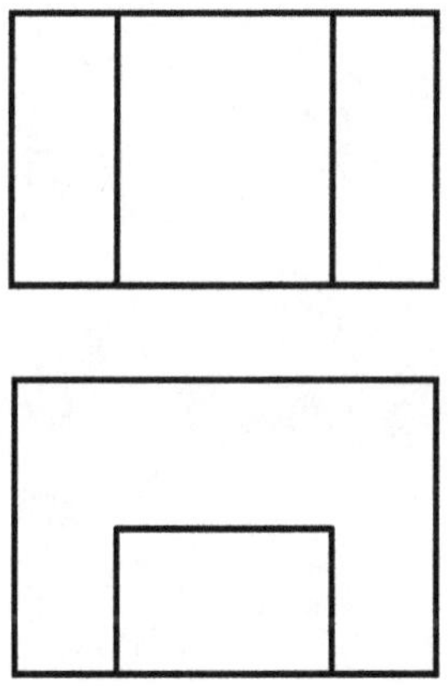

(8)补画左视图。

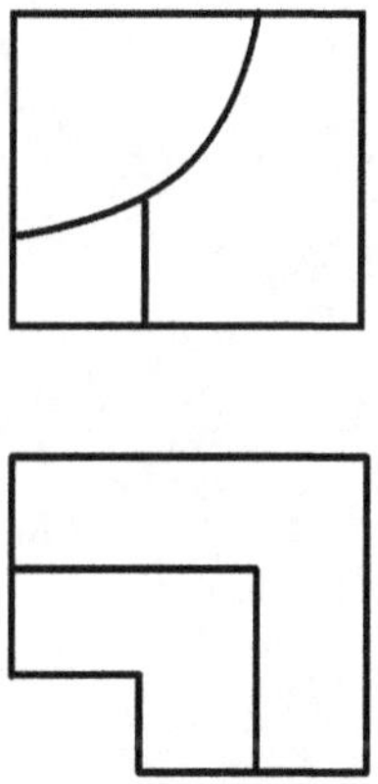

	班级________ 姓名________ 学号________

(9)补画左视图。

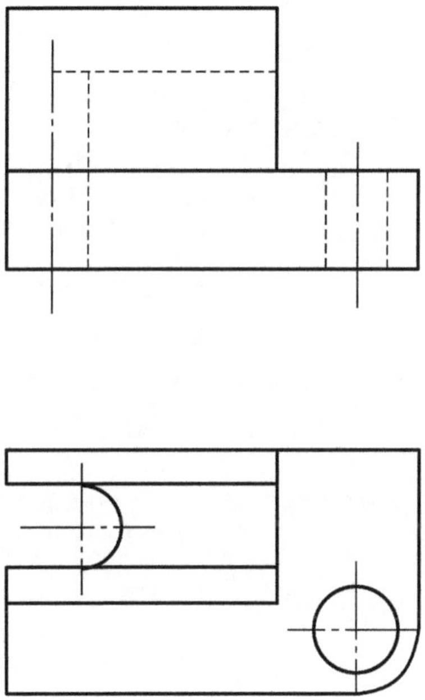

(10)补画左视图。

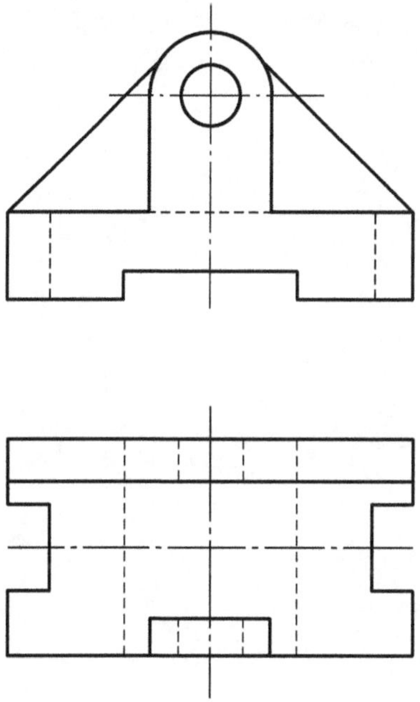

任务一　基本视图画和其他视图	班级____________ 姓名________ 学号______

1. 根据主、俯、左视图，补画其他视图。

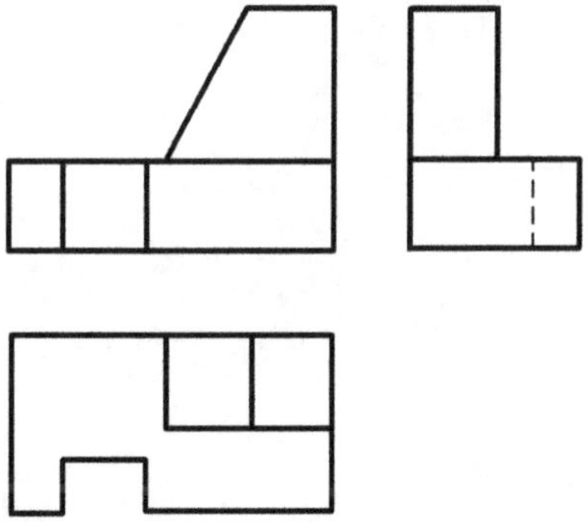

班级__________ 姓名________ 学号______

2.根据主、俯两视图，在指定位置补画其他视图。

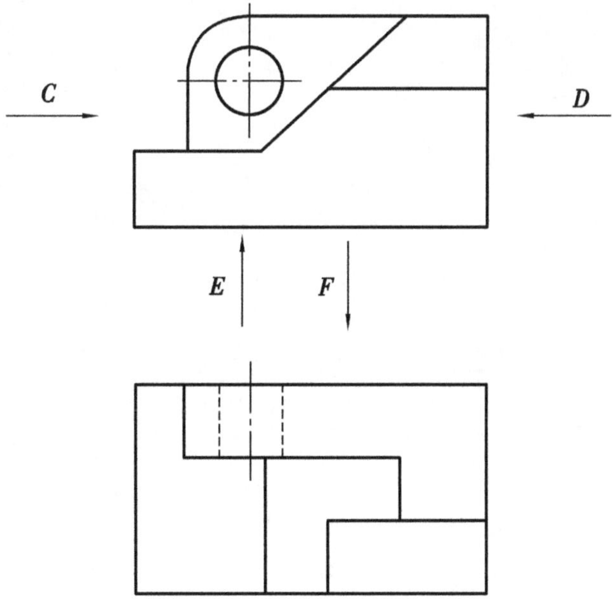
C
D
E
F

C　　　　D

E　　　　F

班级________ 姓名________ 学号________

3. 指出并改正图中在标注、表达方法及投影中的错误。

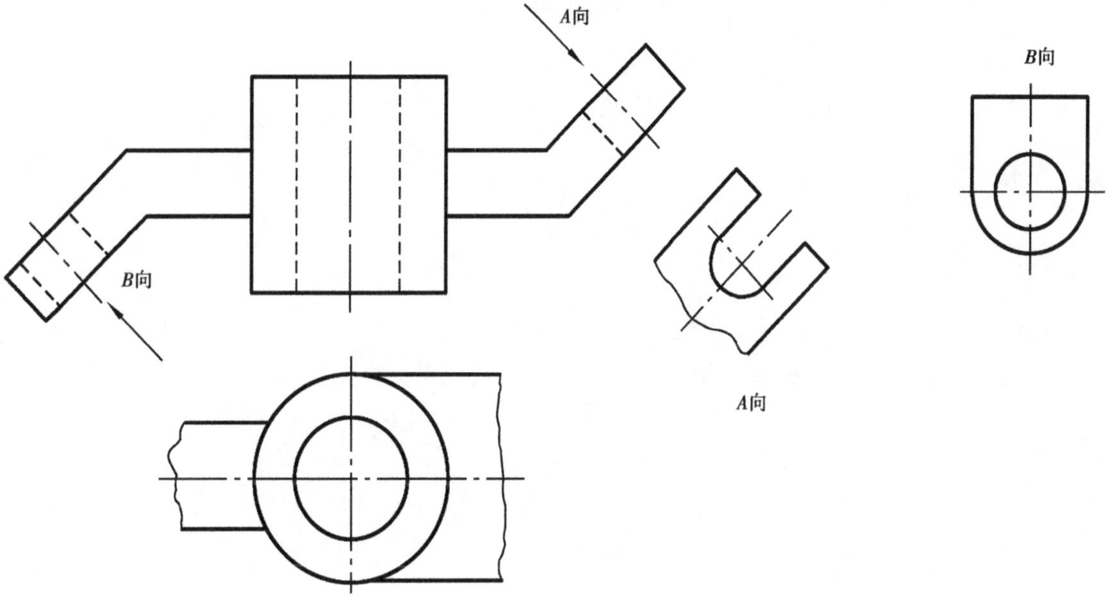

A向
B向
B向
A向

任务二　剖视图　　　　班级______________姓名________学号______

1.在中间位置将主视图改画成剖视图。

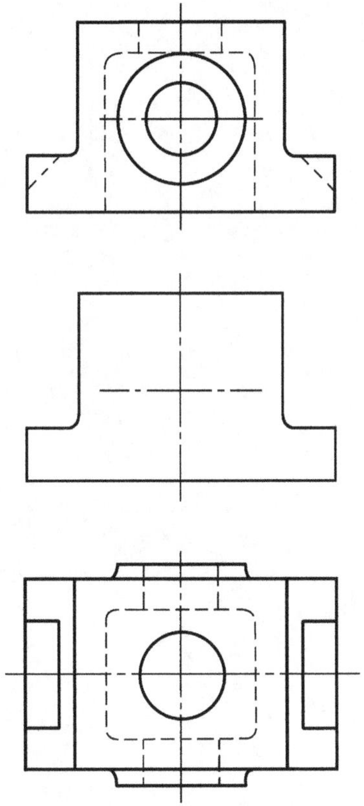

2.在中间位置将主视图改画成剖视图。

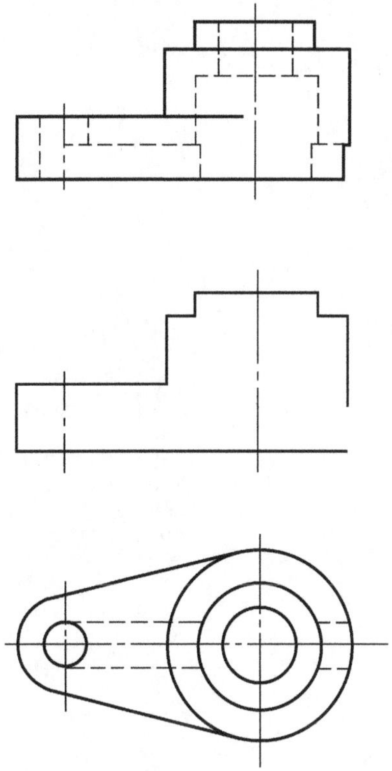

班级________ 姓名________ 学号________

3. 补齐剖视图中的漏线或用“×”去掉多余的图线。

(1)

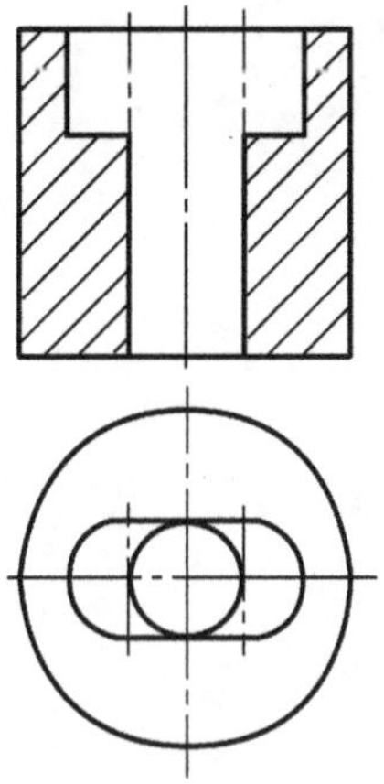

(2)

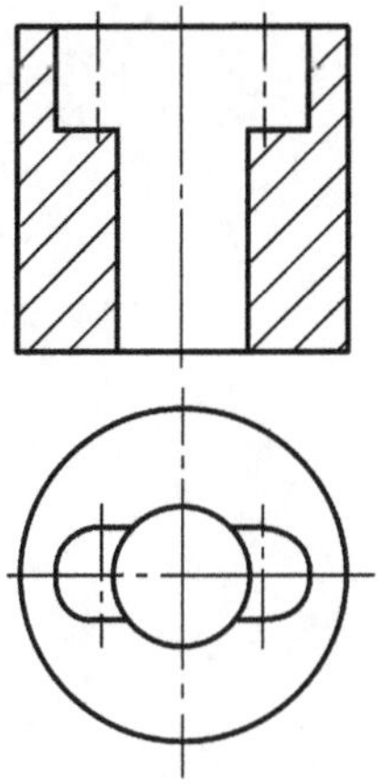

(3)

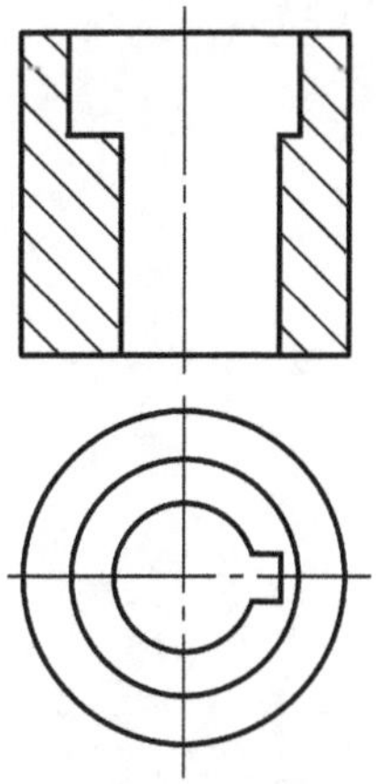

(4)

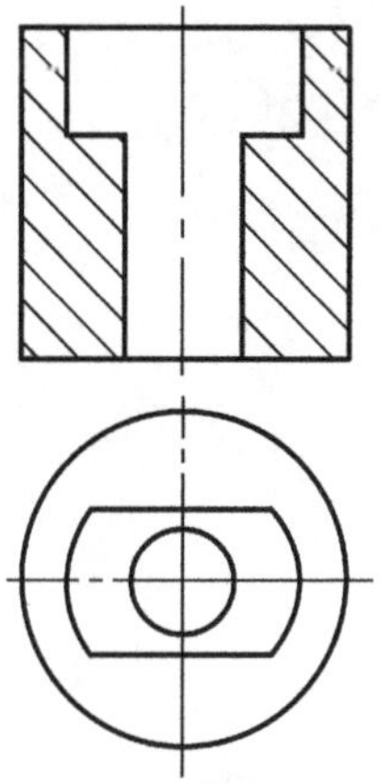

(5)

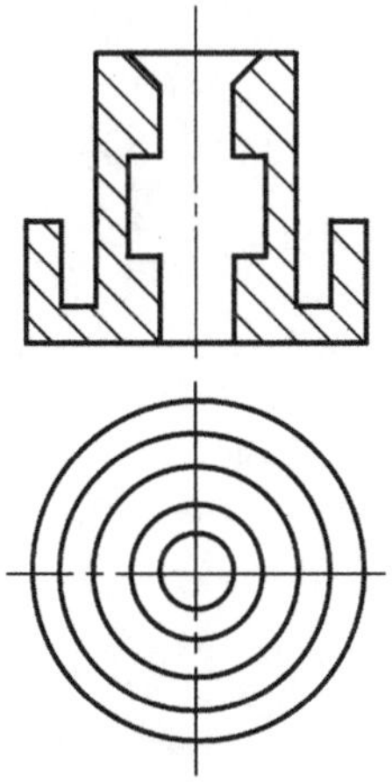

(6)

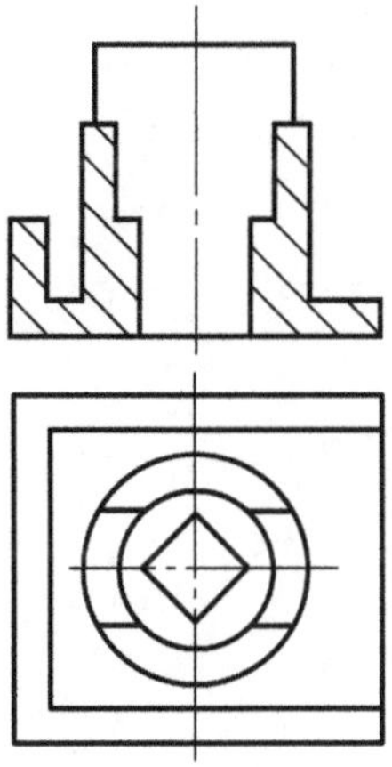

(7)

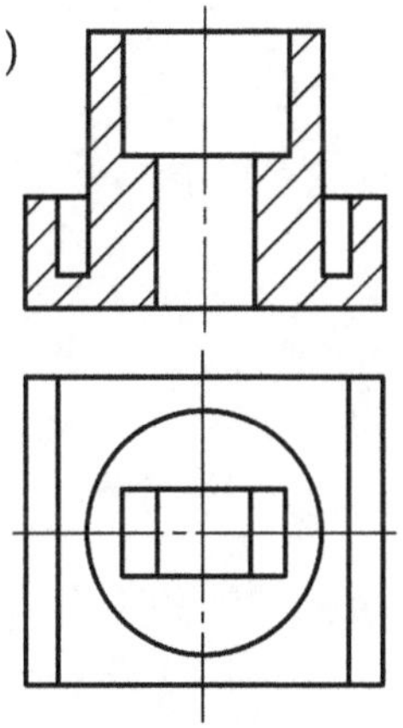

(8)

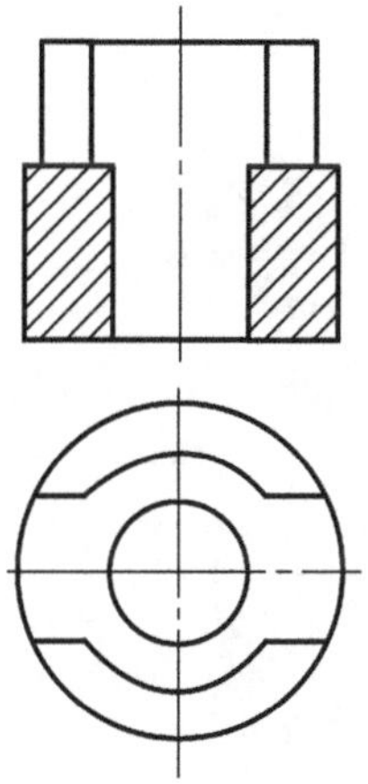

班级＿＿＿＿＿＿ 姓名＿＿＿＿ 学号＿＿＿

4.分析图中的错误，在右边画出正确的剖视图。

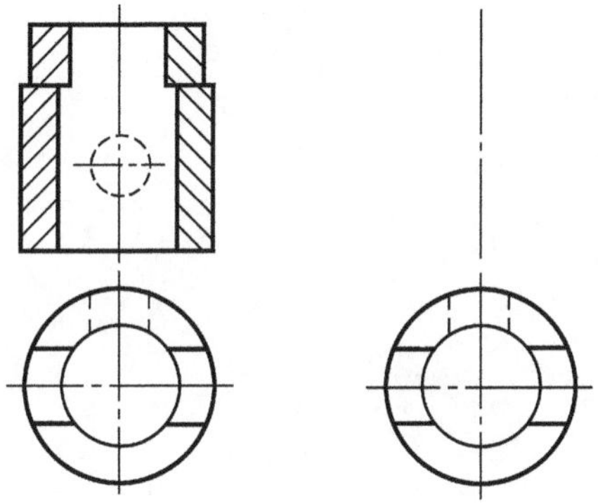

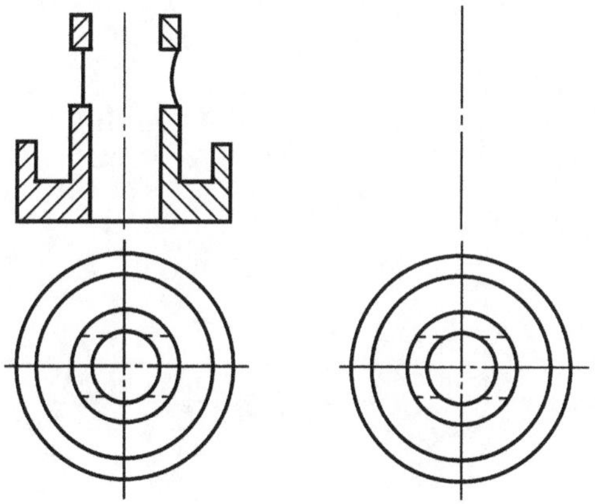

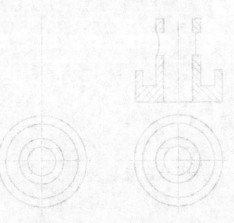

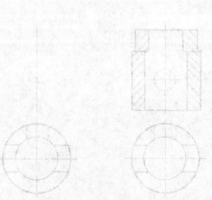

班级______________ 姓名________ 学号______

5. 分析下列剖视图中的错误和漏线，补全缺线。

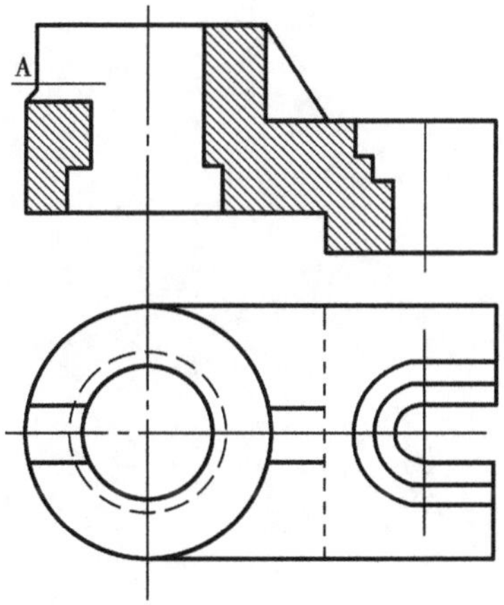

A

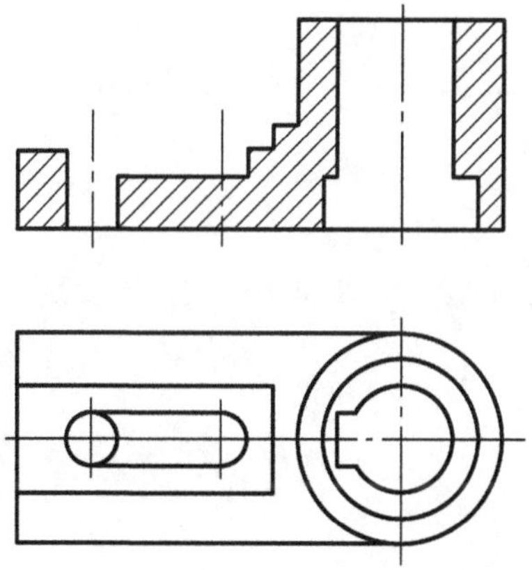

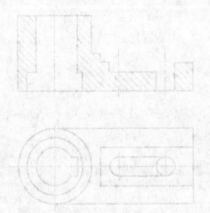

班级＿＿＿＿＿＿＿＿姓名＿＿＿＿＿学号＿＿＿＿

6.将视图改画成全剖视图。

(1)在中间位置将主视图改画成全剖视图。

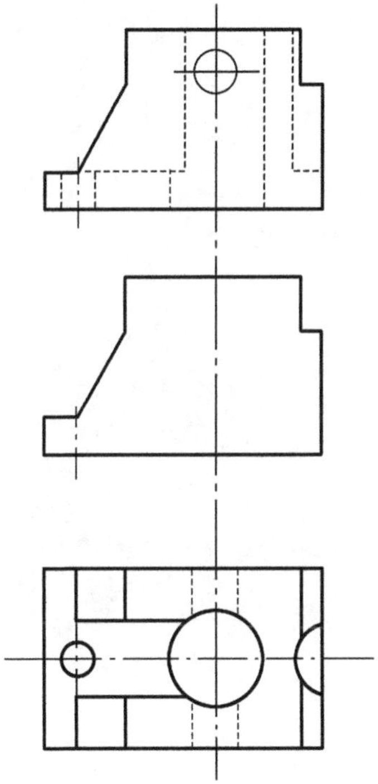

(2)补画全剖的左视图。

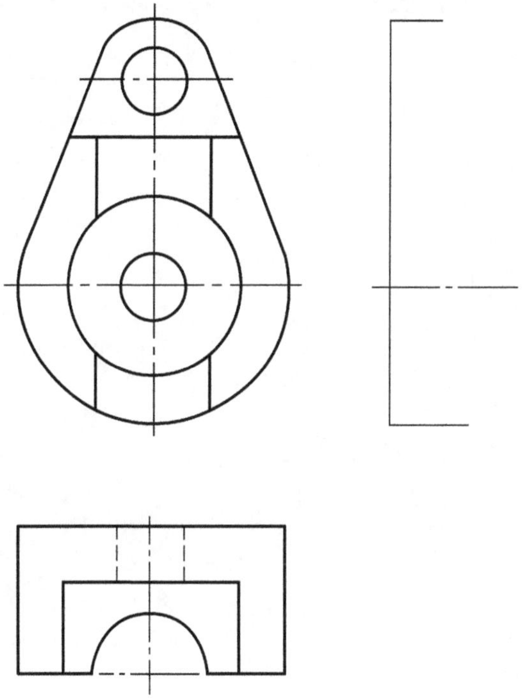

班级__________ 姓名________ 学号______

6.将视图改画成全剖视图。

(1)在中间位置将主视图改画成全剖视图。

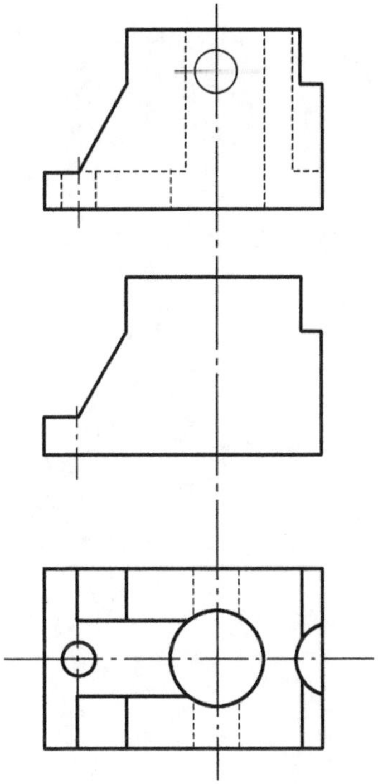

(2)补画全剖的左视图。

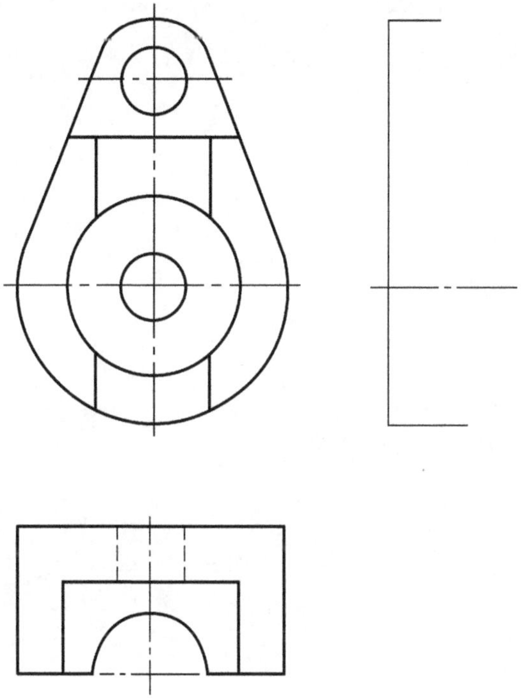

7.选择正确的半剖视图。

(1)

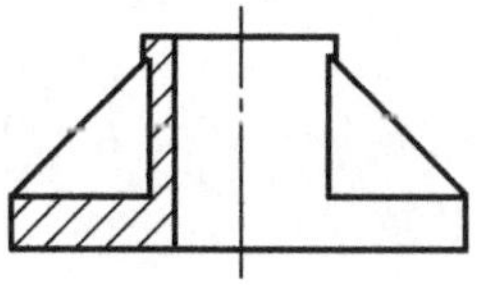

(　)

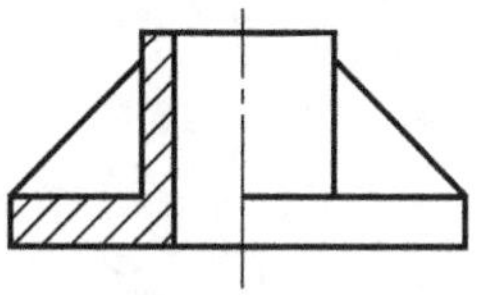

(　)

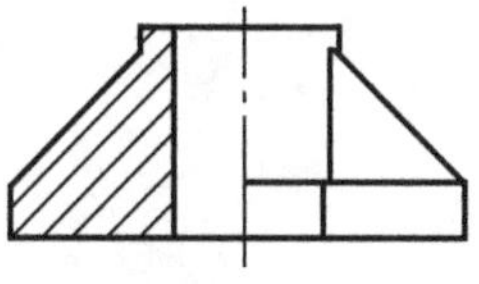

(　)

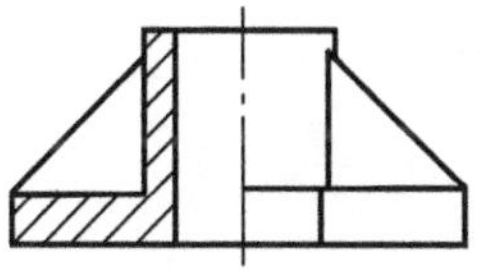

(　)

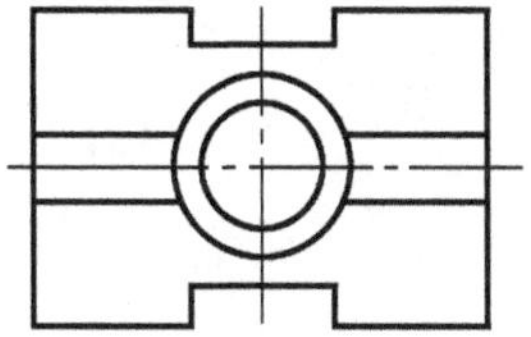

(　)

(2)

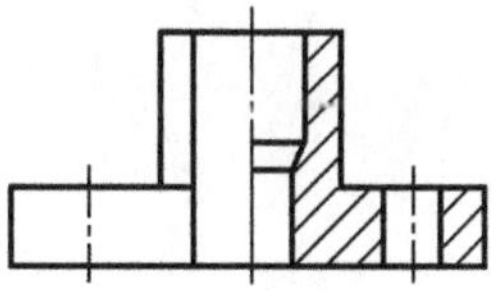

(　)

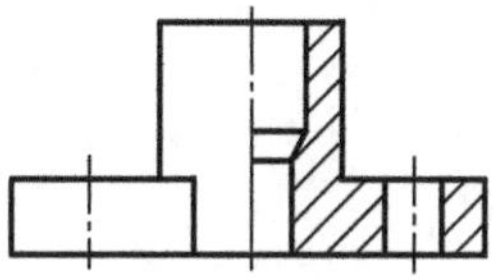

(　)

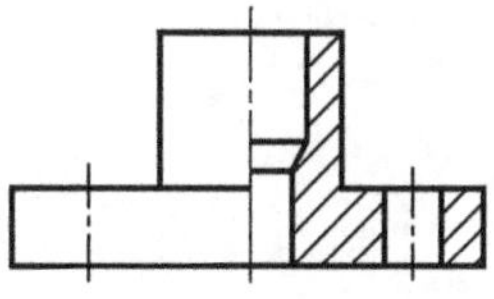

(　)

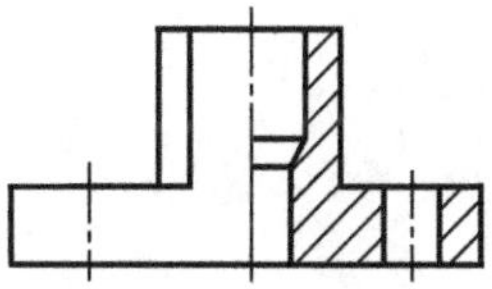

(　)

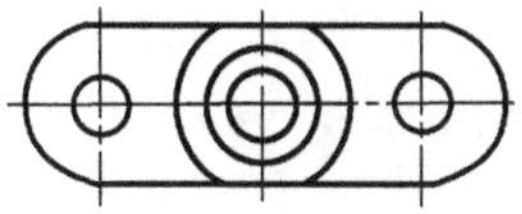

(　)

(3)

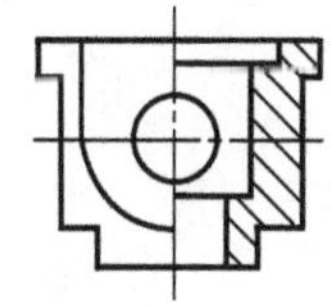

(　)

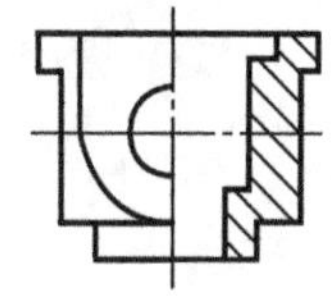

(　)

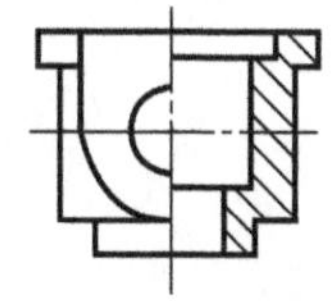

(　)

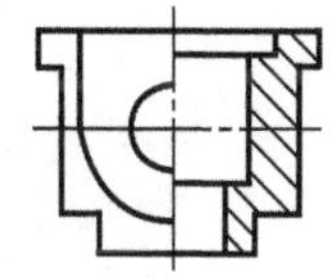

(　)

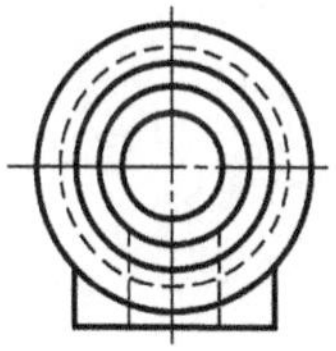

(　)

(4)

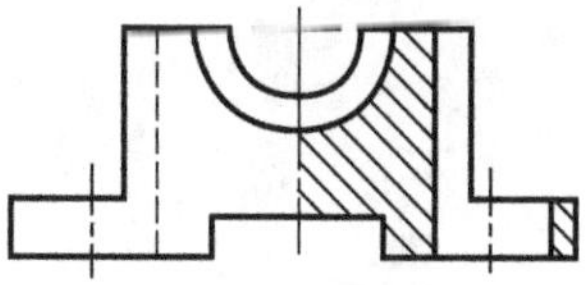

(　)

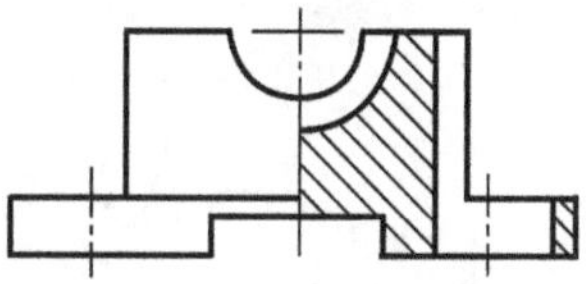

(　)

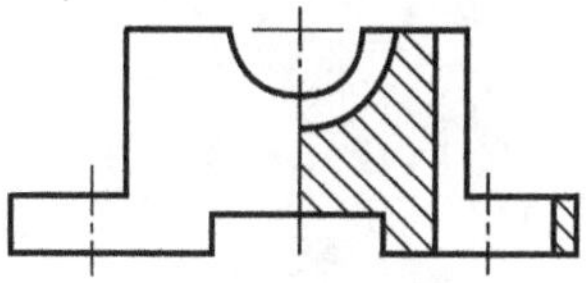

(　)

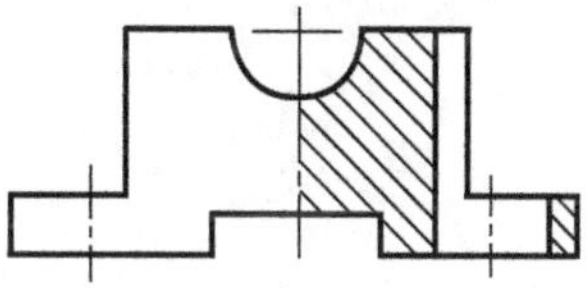

(　)

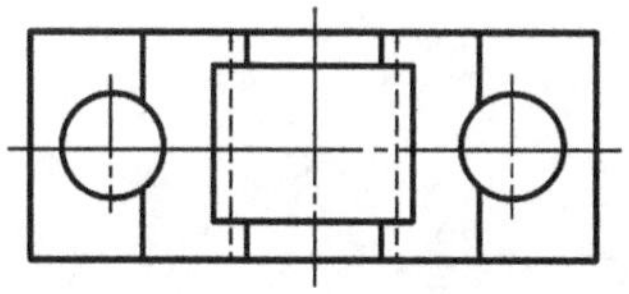

(　)

班级＿＿＿＿＿＿＿姓名＿＿＿＿＿学号＿＿＿＿

8.判断下列剖视图的画法是否正确（正确的打“√”，错误的打“×”）。

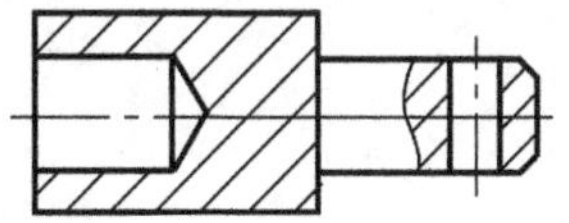

（　）

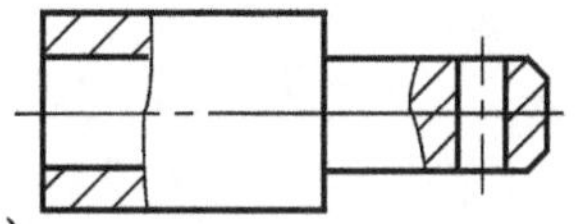

（　）

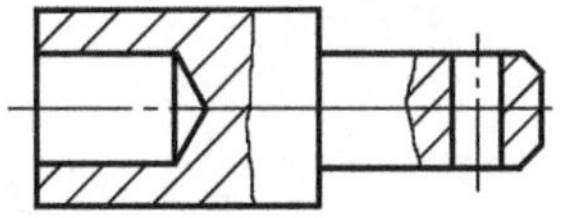

（　）

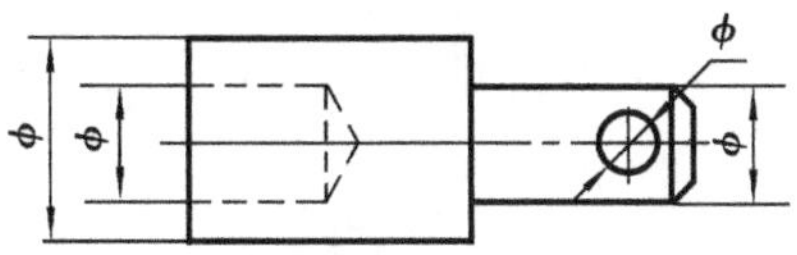

ϕ
ϕ
ϕ
ϕ

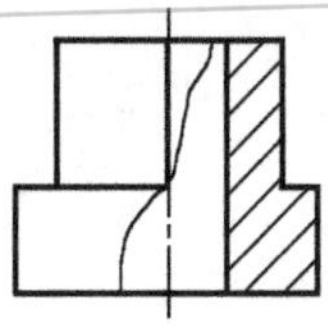

（　）

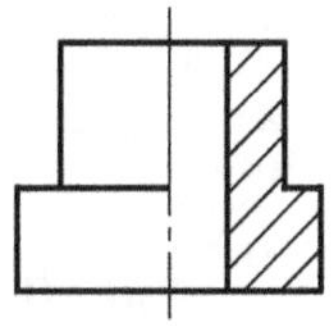

（　）

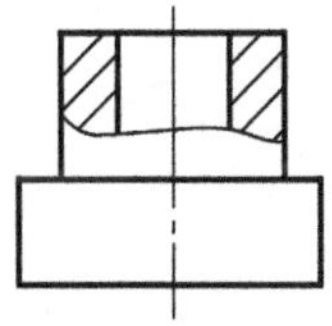

（　）

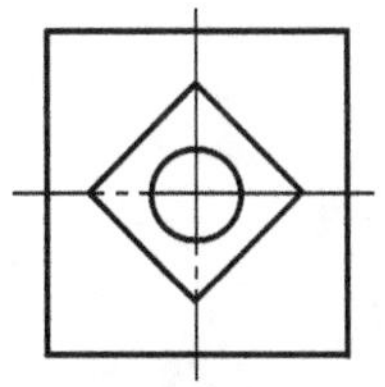

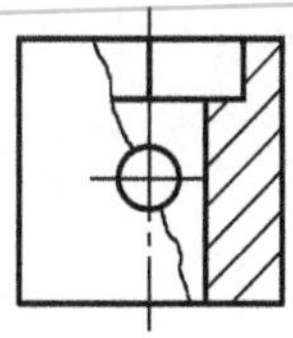

（　）

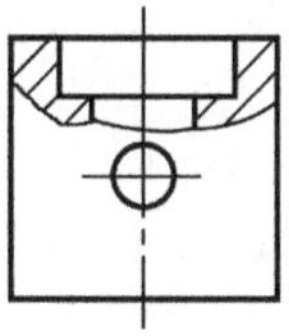

（　）

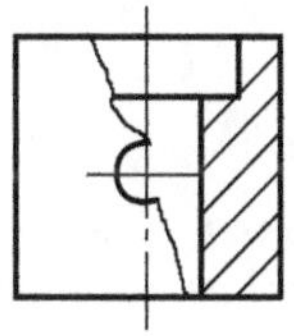

（　）

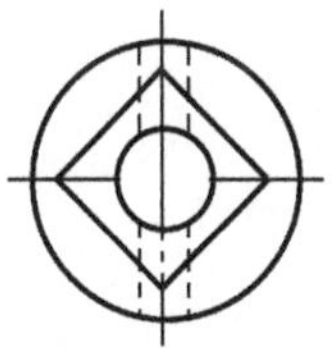

（　）

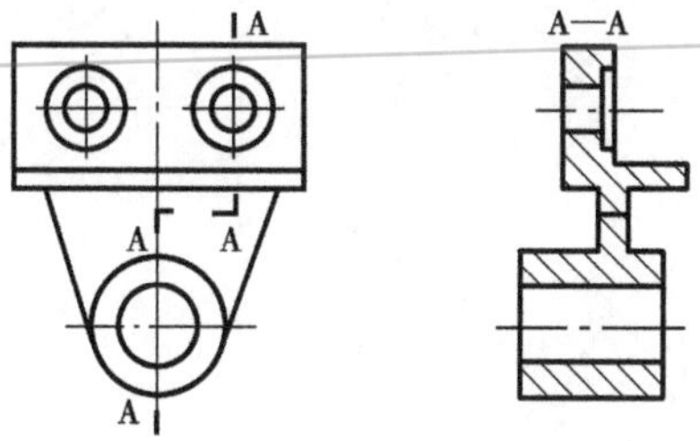

A
A—A
A
A
A

（　）

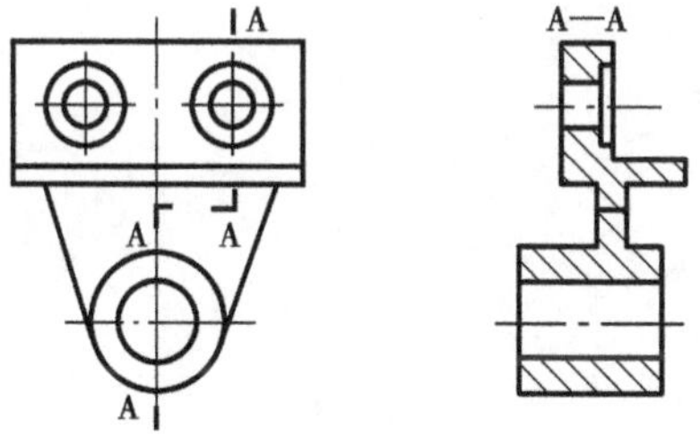

A
A—A
A
A
A

（　）

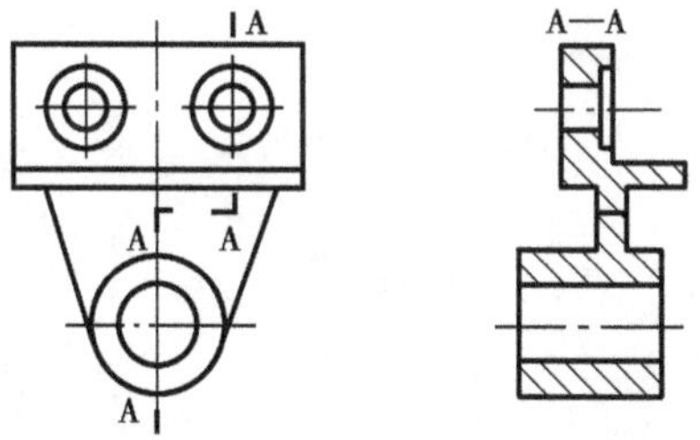

A
A—A
A
A
A

班级______ 姓名______ 学号______

9.将下图在中间位置改画成半剖视图。

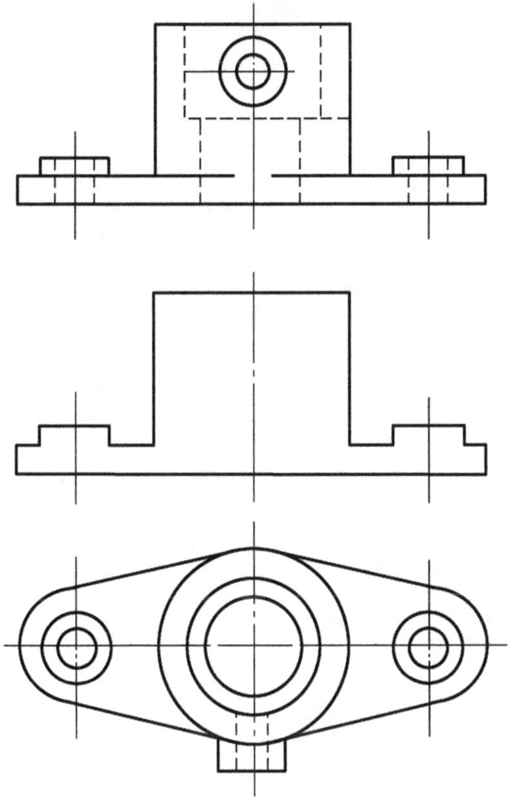

10.局部剖视图画法。

(1)改正下列局部剖视图画法的错误。

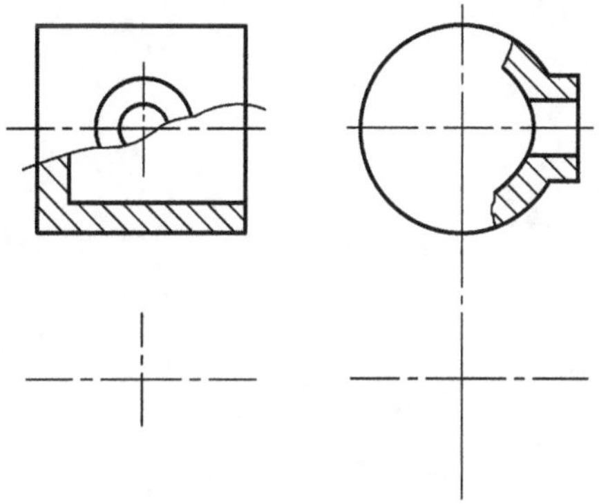

(2)将下列视图在右边改画成局部剖视图画法。

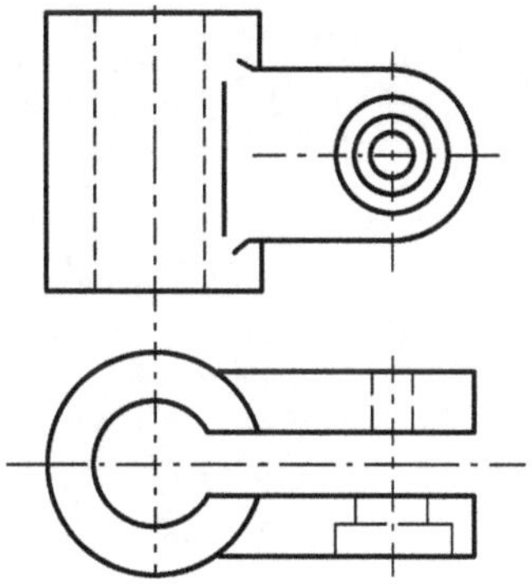

班级＿＿＿＿＿＿ 姓名＿＿＿＿ 学号＿＿＿

11.平行的剖切平面

(1)用两个平行的剖切平面将主视图改画成剖视图。

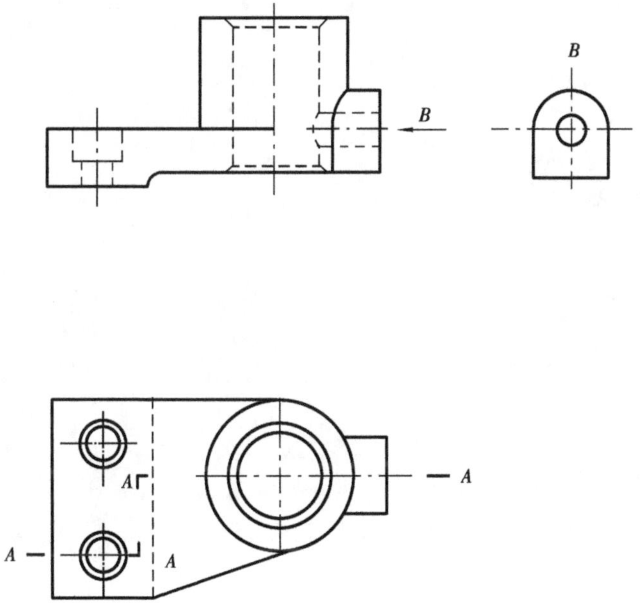
B
B
A
A
A
A

(2)用两个平行的剖切平面将主视图改画成剖视图。

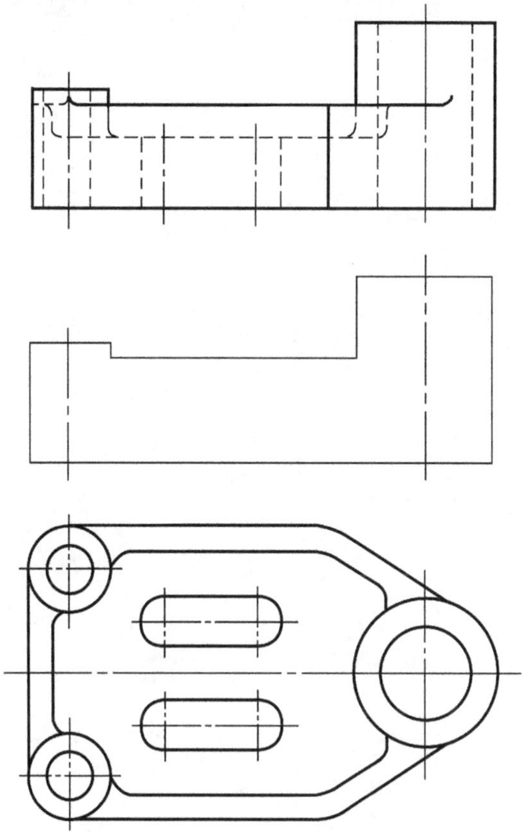

班级________ 姓名________ 学号________

12. 相交的剖切平面。

(1) 用两个相交的剖切平面将主视图改画成剖视图。

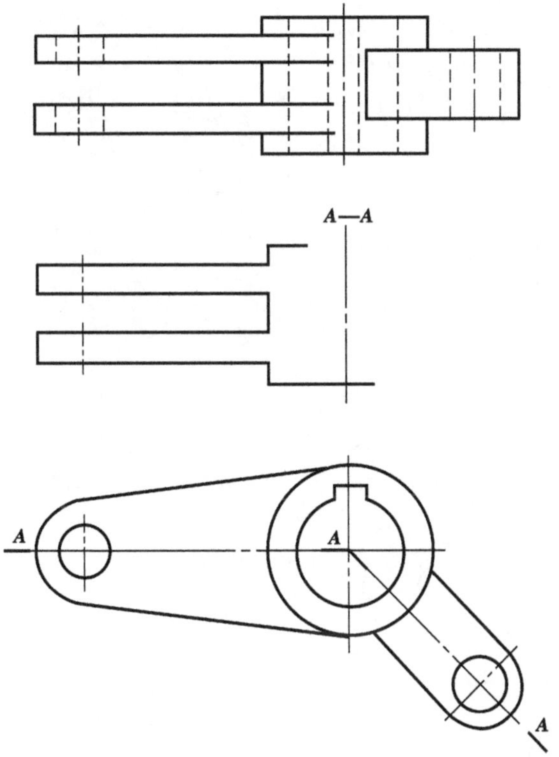

A—A
A
A
A

(2) 用两个相交的剖切平面将主视图改画成剖视图。

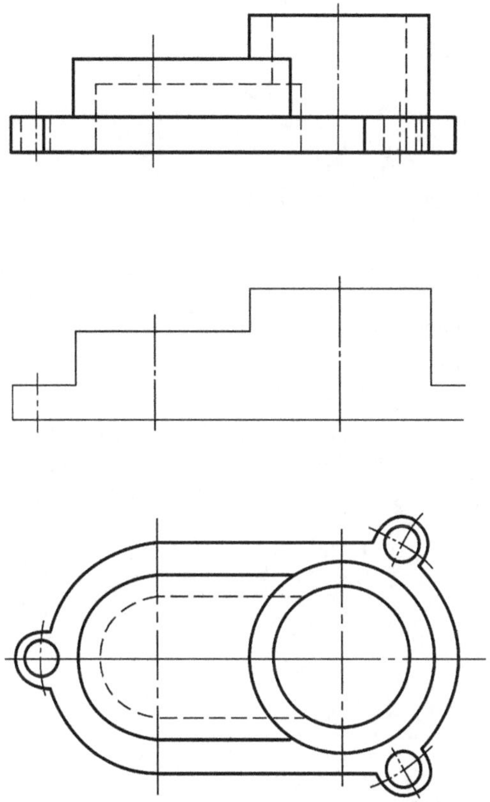

班级________ 姓名________ 学号________

13.倾斜的剖切平面。

(1)完成B—B剖视图。

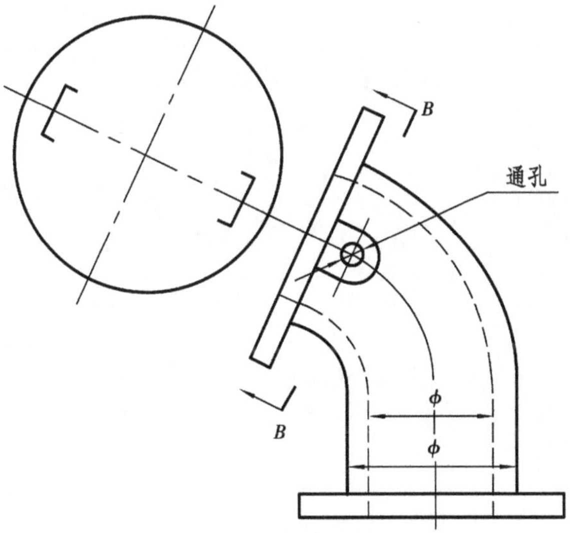

B
B
通孔
ϕ
ϕ

(2)完成B—B剖视图。

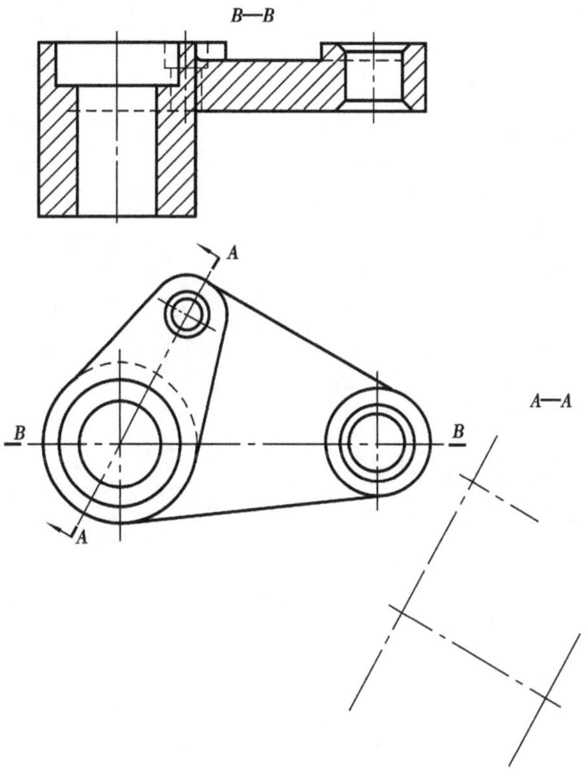

B—B
A
A
B
B
A—A

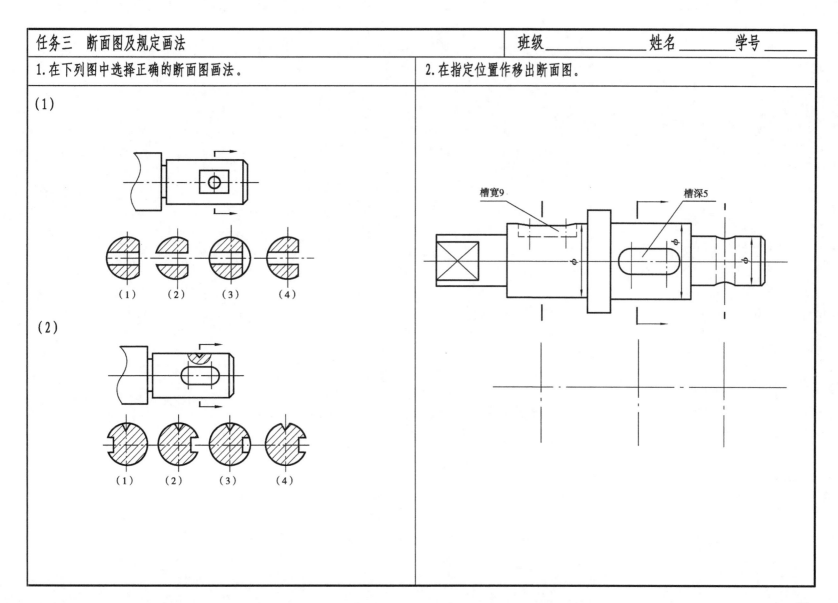

任务三　断面图及规定画法　　班级＿＿＿＿＿＿姓名＿＿＿＿＿学号＿＿＿＿

1. 在下列图中选择正确的断面图画法。

(1)

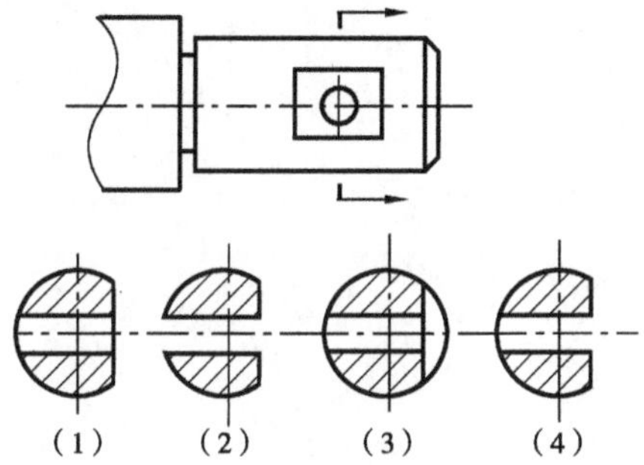
(1)
(2)
(3)
(4)

(2)

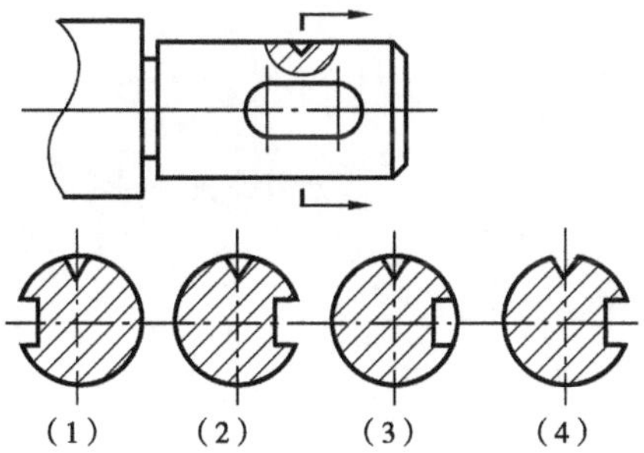
(1)
(2)
(3)
(4)

2. 在指定位置作移出断面图。

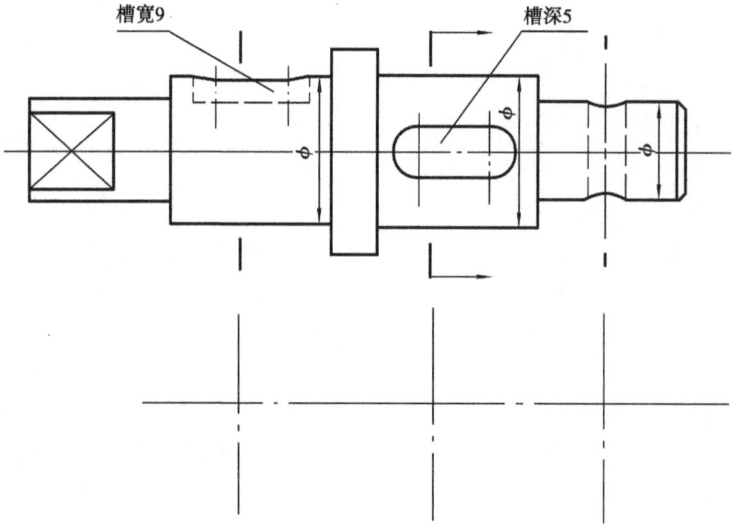
槽宽9
槽深5
ϕ
ϕ
ϕ

任务四　机件的其他表达方法　　班级________ 姓名________ 学号________

1. 在中间位置画出正确的剖视图。

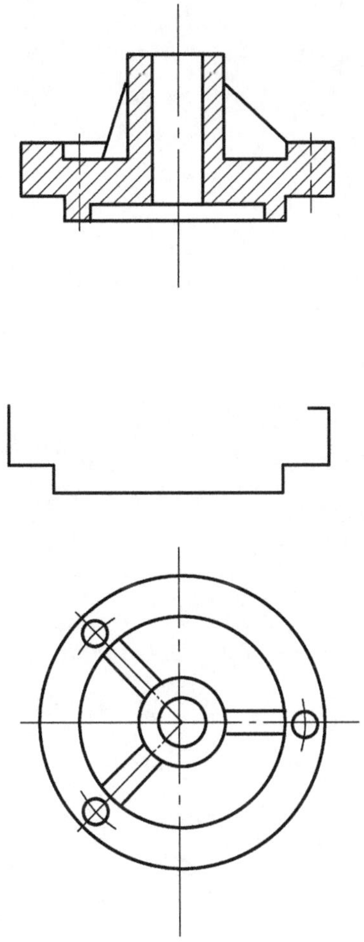

2. 在下图中间位置画出正确的全剖视图。

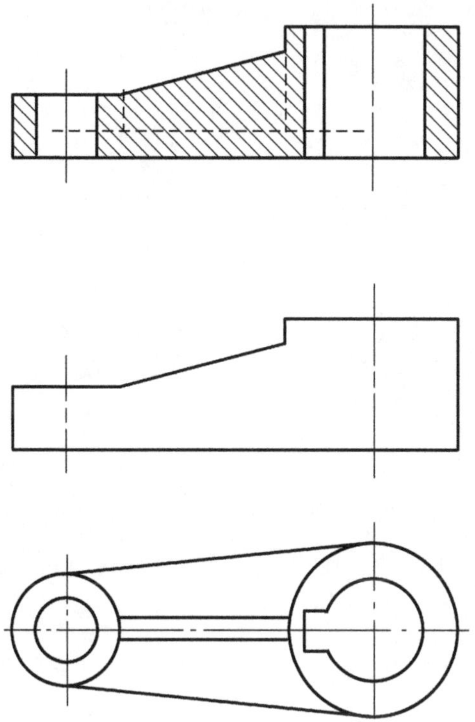

自测题

班级______ 姓名______ 学号______

.将下图在中间位置主视图改画成全剖视图。

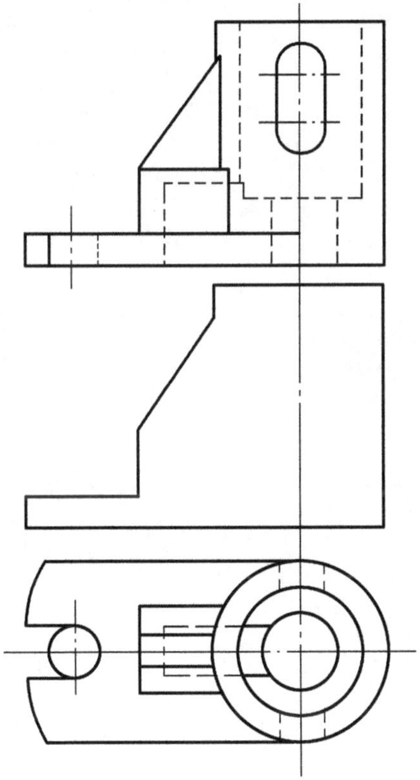

2.将下图在中间位置主视图改画成半剖视图，左视图改画成全剖视图。

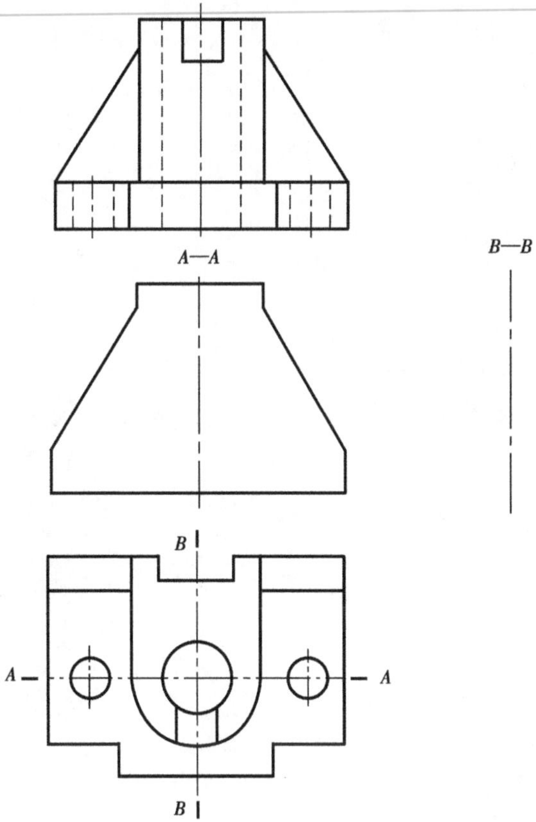

A—A
B—B
B
A
A
B

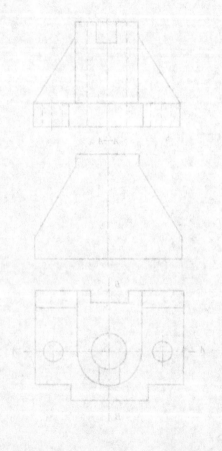

班级________ 姓名________ 学号______

3.将下列视图改画为合适的局部剖视图。

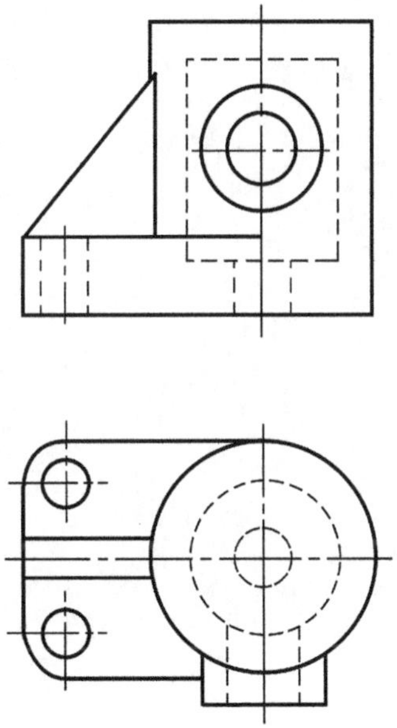

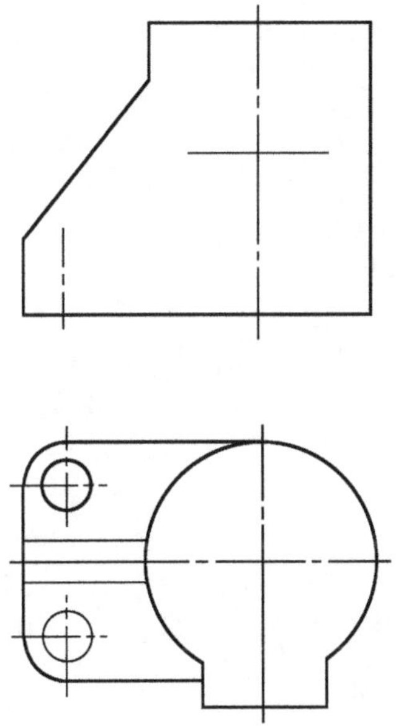

4.将下图中的主视图改画为合适的全剖视图。

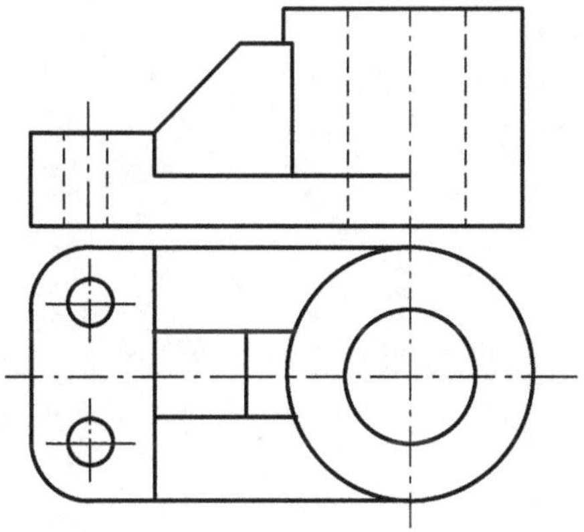

班级________ 姓名________ 学号________

5. 将下图中的主视图改画为合适的全剖视图。

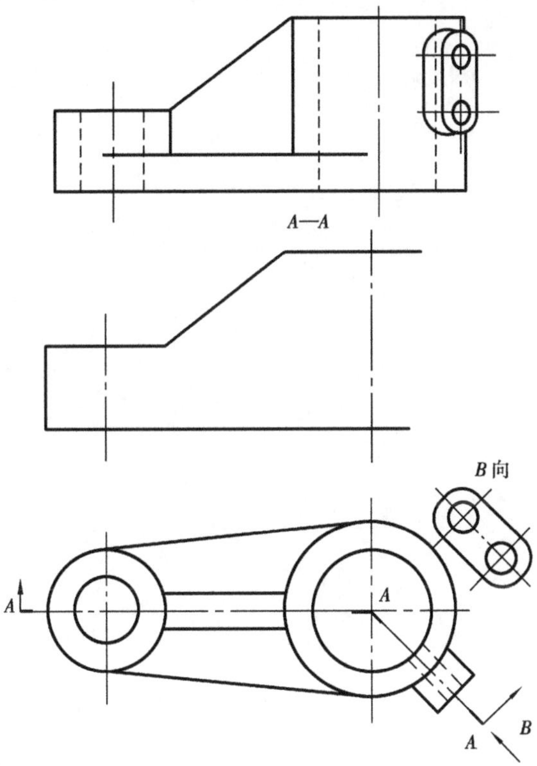
A—A
B向
A
A
A
B

6. 读懂下图的表达方法，进行正确的视图标注。

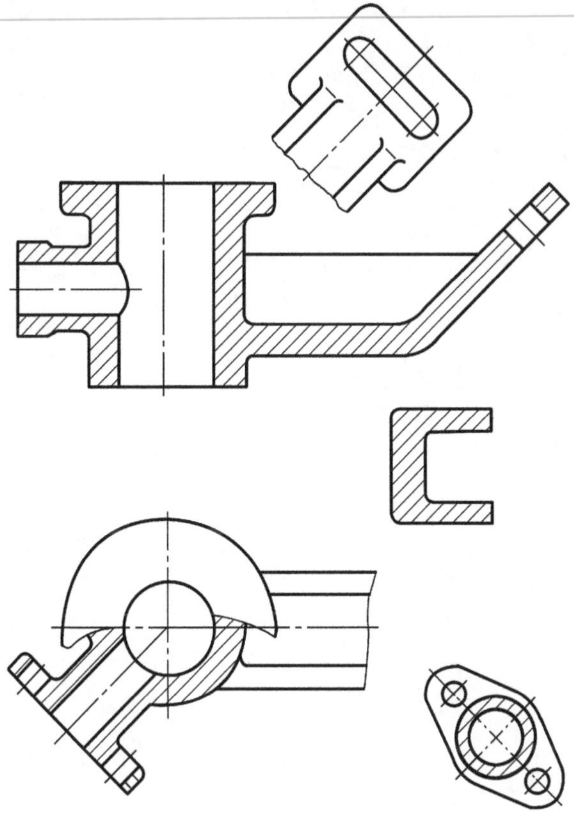

班级＿＿＿＿＿＿ 姓名＿＿＿＿＿ 学号＿＿＿＿

7.补画下图中的漏线。

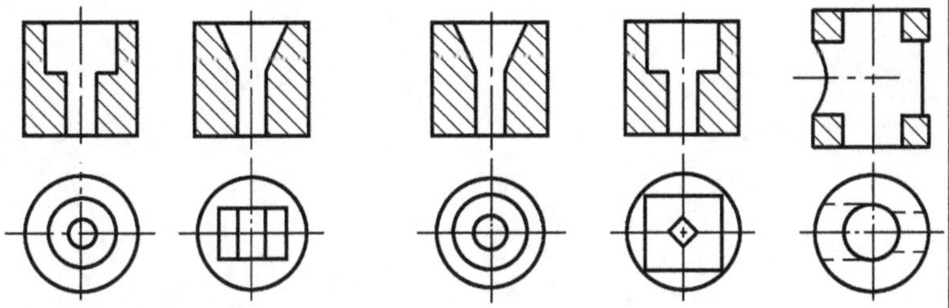

8.阅读下列表达方法，判断图形的正误。

(1)

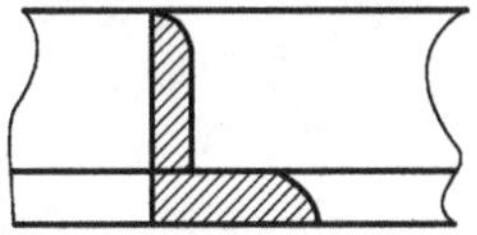

(   )

(2)

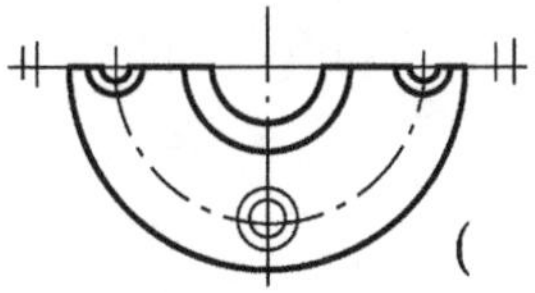

(   )

(3)

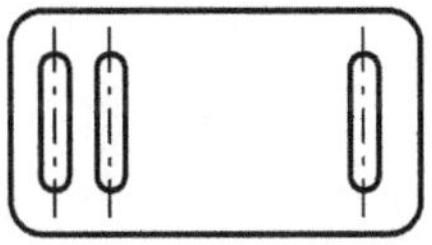

(   )

(4)

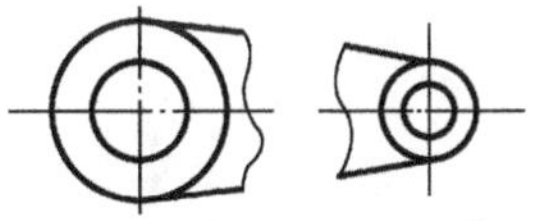

(   )

9.在下图三处画出正确的断面图。

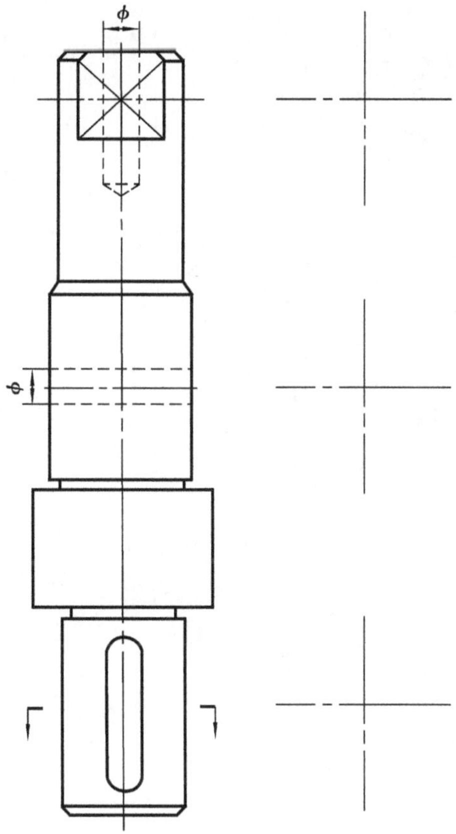
φ
φ

任务一　螺纹　　　　班级________ 姓名________ 学号________

1.根据给定的尺寸 画出螺纹两视图。

(1)外螺纹,螺纹规格d=M20,螺纹长度为30 mm。

(2)螺纹通孔,螺纹规格d=M16,两端孔口倒角C2。

(3)螺纹盲孔(由左侧加工)螺纹规格d=M16,钻孔深度为35 mm,螺纹深度为30 mm。

2.查表填写下列螺纹标记的含义。

螺纹标记	螺纹种类	内、外螺纹	旋向	大径	小径	导程	螺距	中径公差带	顶径公差带	旋合长度
M20—6g	粗牙普通螺纹	外螺纹	右旋	20	17.294	2.5	2.5	6g	6g	中等
M16×1—6H										
M24LH—5g6g-s										
R$1\frac{3}{4}$—LH										
G$1\frac{1}{4}$A										
T_r24×10(P5)—7e										

班级______ 姓名______ 学号______

3. 改正下列螺纹画法的错误。

(1)

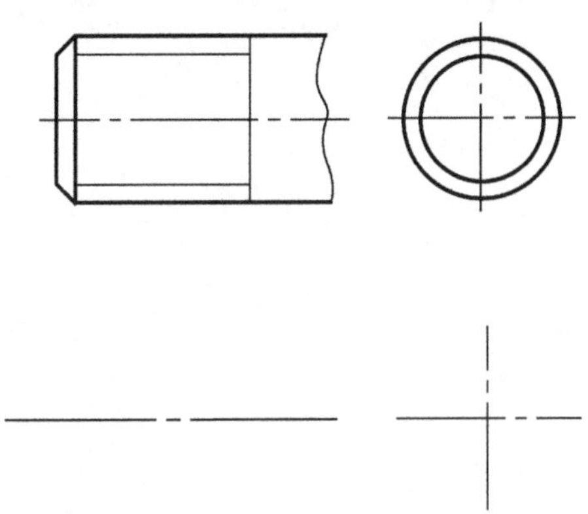

(2)

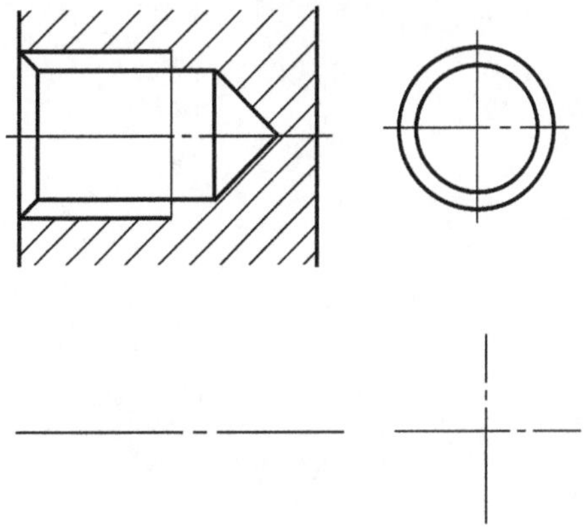

(3)

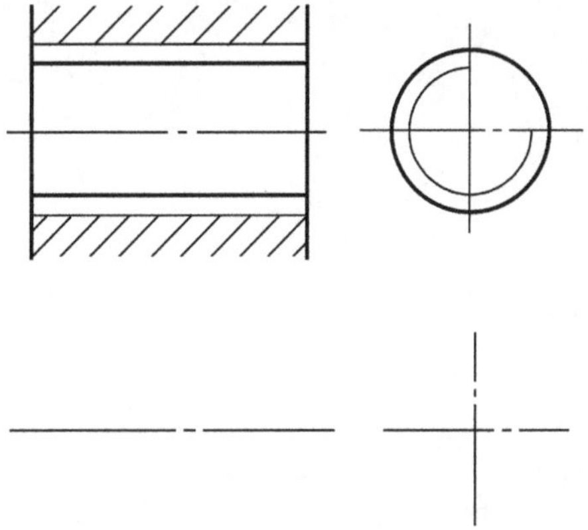

(4)

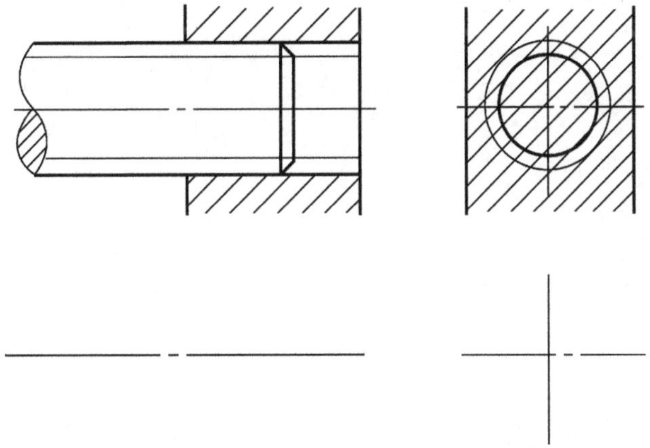

(5)

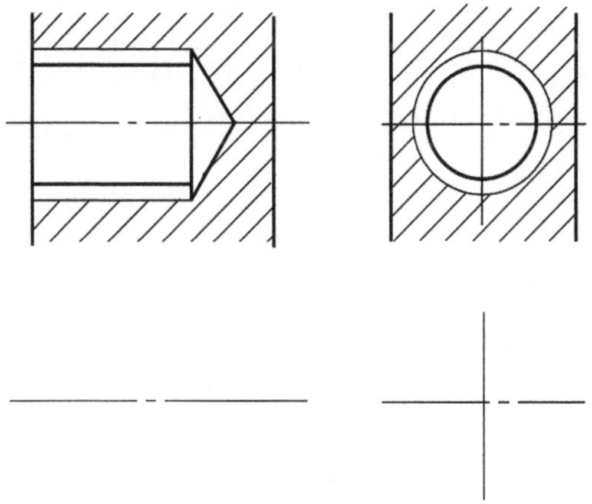

班级________ 姓名________ 学号________

4.在图上标注螺纹代号。

(1)通螺纹，外螺纹大径20，右旋，中径和大径公差带代号为5g，中等旋合长度。

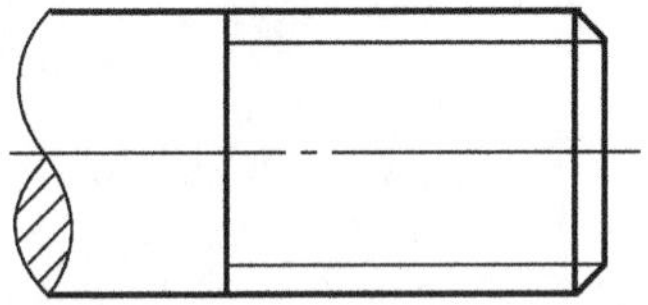

(2)普通螺纹，螺纹大径20，螺距2，左旋，中径公差带代号5H，小径公差带代号为6H，长旋合长度。

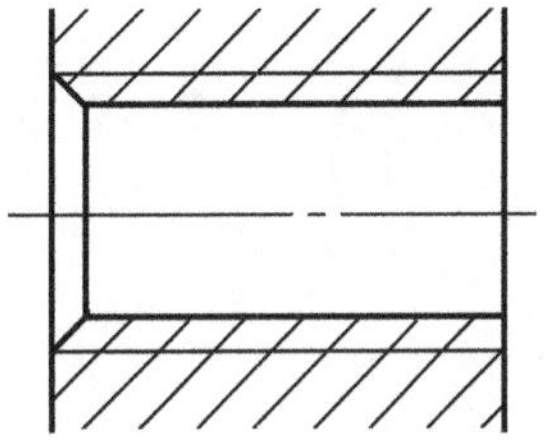

(3)梯形螺纹，公称直径为48，螺距5，双线，右旋，中径公差带代号6h，中等旋合长度。

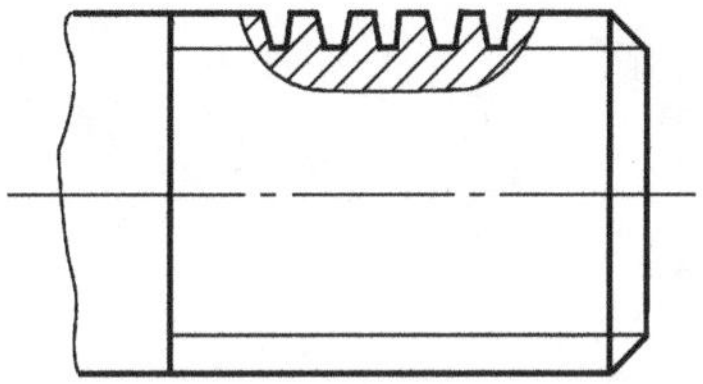

(4)非螺纹密封的管螺纹，尺寸代号为$1^{1}/4$，公差等级A级，右旋。

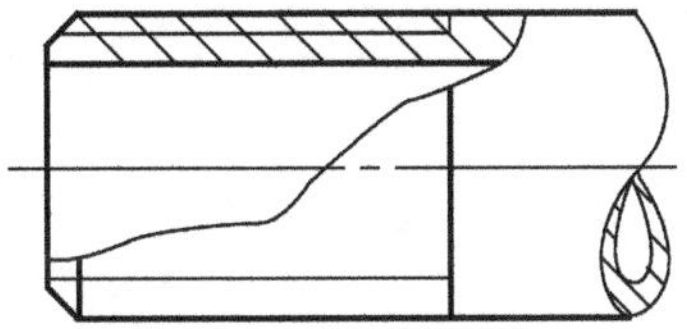

(5)用螺纹密封的管螺纹，尺寸代号为$1^{1}/2$，左旋。

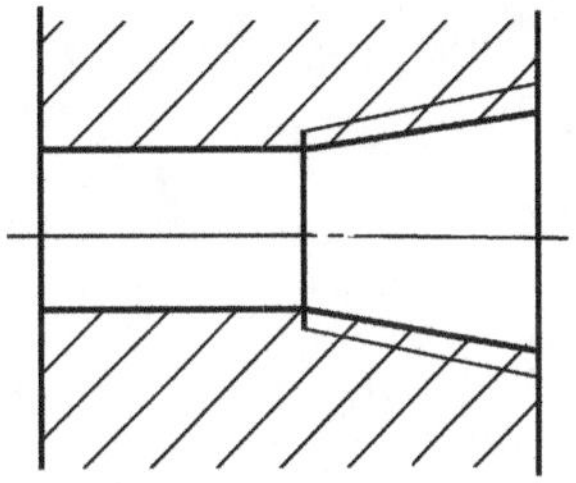

(6)用螺纹密封的管螺纹，尺寸代号为3/4。

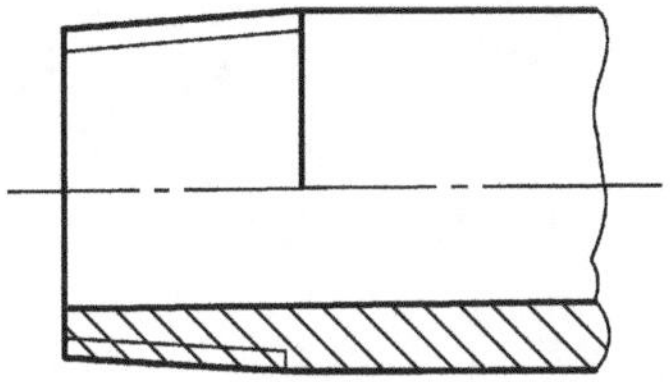

	班级________ 姓名______ 学号_____

5. 改正下列螺纹联接件的画法错误。

(1)

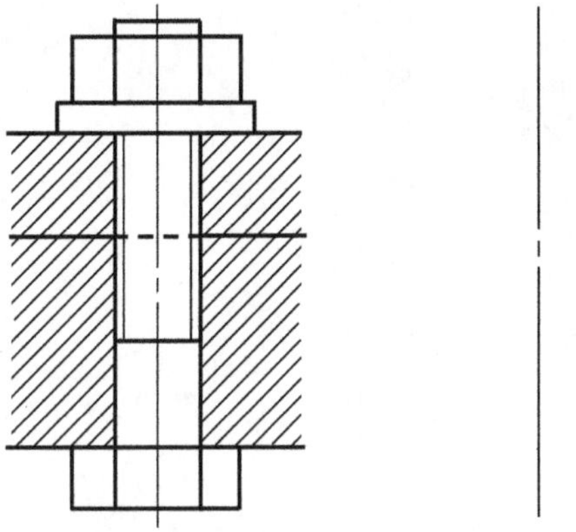

(2)

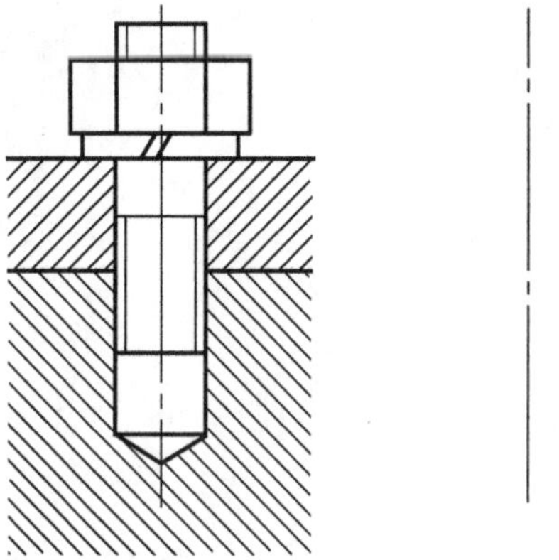

(3)

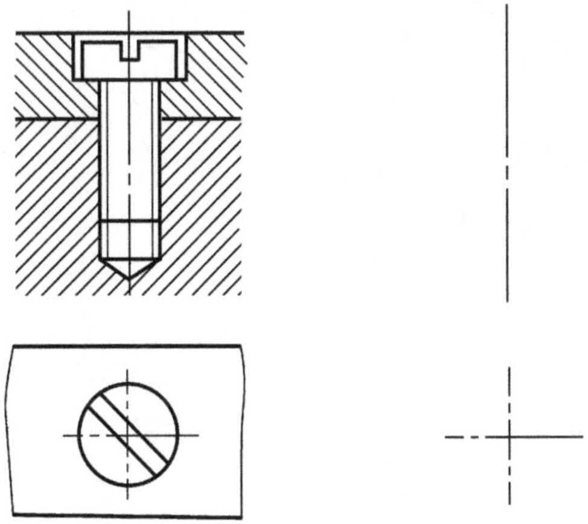

(4)

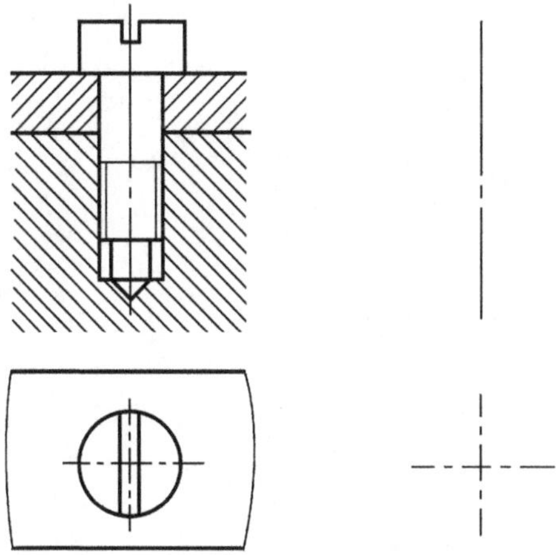

任务二　齿轮	班级＿＿＿＿＿＿ 姓名＿＿＿＿ 学号＿＿＿

1. 计算齿轮尺寸，补齐齿轮剖视图和端视图中的漏线。

已知直齿圆柱齿轮模数m=5，齿数z=40，计算该齿轮的分度圆d，齿顶圆d_a，和齿根圆d_f。

完成下列两视图的图线。

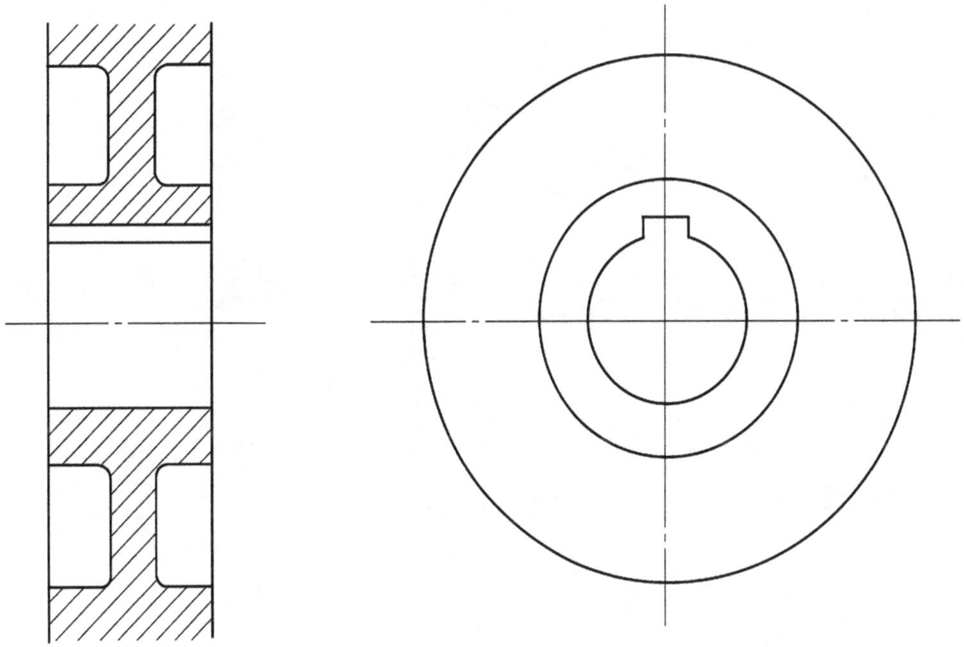

班级______ 姓名______ 学号______

2. 已知一对啮合齿轮，齿数Z_1=38，模数m=4，中心距a=110，完成两个齿轮啮合的两个视图。

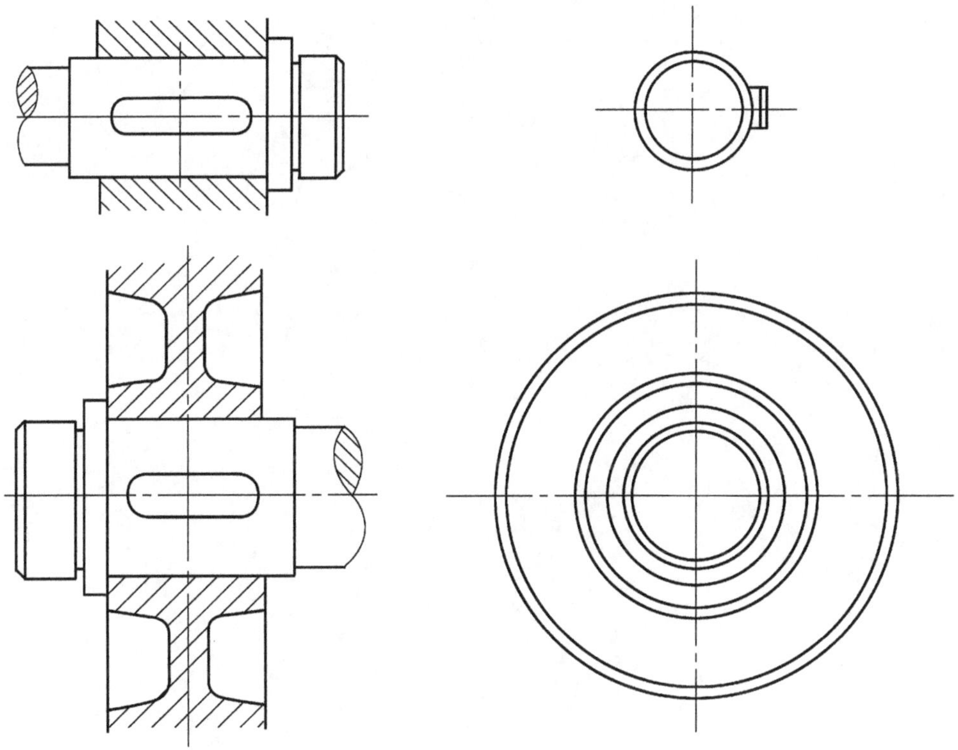

任务三　键销连接	班级＿＿＿＿＿＿姓名＿＿＿＿学号＿＿＿

完成下图中平键连接处的图线。

轴和齿轮用A型普通平键连接，已知键长L=20，齿轮 m=3，Z=18，按1:2的比例完成下图。

(1)根据轴孔直径ϕ24查表确定键和键槽的尺寸，并标注轴孔和键槽的尺寸。

(2)写出键的规定标记：＿＿＿＿＿＿＿＿＿＿＿＿＿＿＿＿＿＿＿＿＿＿＿＿

(3)用键将轴和齿轮连接起来，完成连接图。

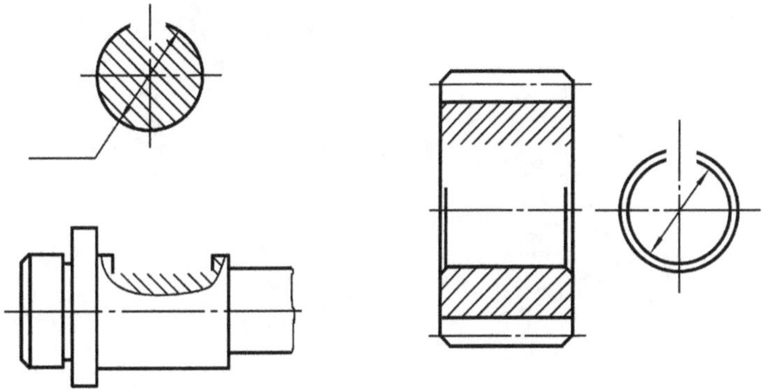

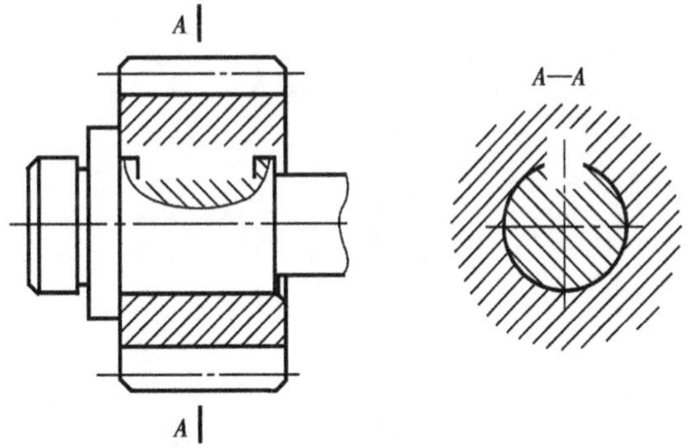
A
A
A—A

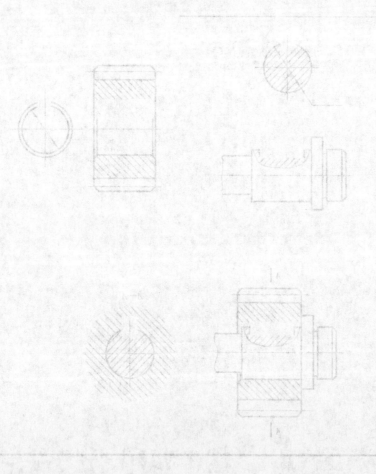

任务四　滚动轴承，弹簧　　　　班级＿＿＿＿＿＿　姓名＿＿＿＿＿　学号＿＿＿＿

1.完成销　　的视图。

用1:1比例完成d=6 mm、A型圆锥销的连接图，并查表写出圆锥销的规定标记:＿＿＿＿＿＿＿＿＿＿＿＿＿＿＿＿

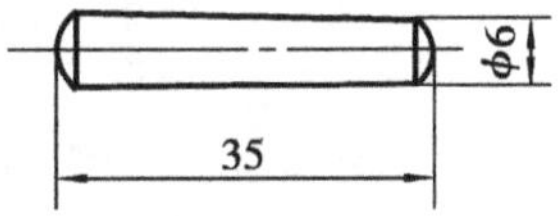

φ6
35

(a)

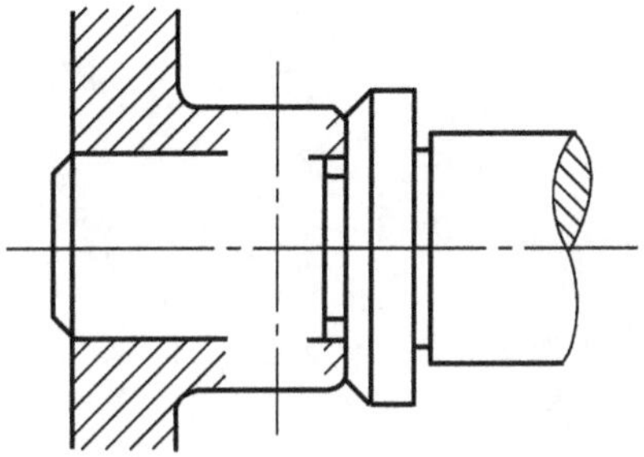

(b)

2.解释下列滚动轴承代号的含义。

(1)滚动轴承　6305　GB/T 276—1994

内径:＿＿＿＿＿＿＿＿＿＿＿＿

轴承类型: ＿＿＿＿＿＿＿＿＿＿

(2)滚动轴承　30306　GB/T 297—1994

内径:＿＿＿＿＿＿＿＿＿＿＿＿

轴承类型: ＿＿＿＿＿＿＿＿＿＿

(3)滚动轴承　51208　GB/T 301—1995

内径:＿＿＿＿＿＿＿＿＿＿＿＿

轴承类型: ＿＿＿＿＿＿＿＿＿＿

3.弹簧

已知圆柱螺旋压缩弹簧的簧丝直径为6 mm，弹簧外径48 mm，节距12 mm，有效圈数6.5，支承圈数2.5，右旋。轴线为竖直方向，完成弹簧的视图和剖视图。

计算: 弹簧中径= ＿＿＿＿＿＿＿＿＿＿＿＿＿＿＿＿

　　　自由高度= ＿＿＿＿＿＿＿＿＿＿＿＿＿＿＿＿

(1) 剖视图　　　　　　(2) 视图

自测题

班级＿＿＿＿＿ 姓名＿＿＿＿ 学号＿＿＿

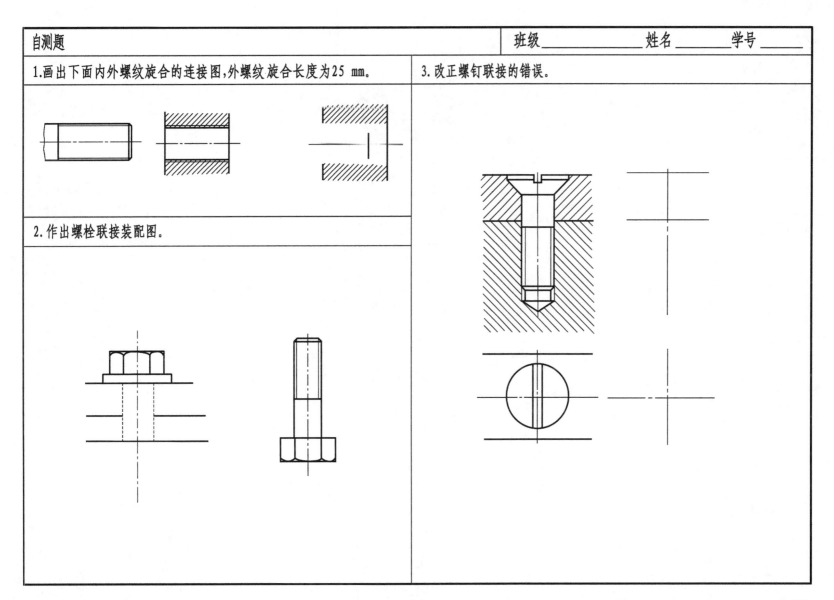

1.画出下面内外螺纹旋合的连接图,外螺纹旋合长度为25 mm。

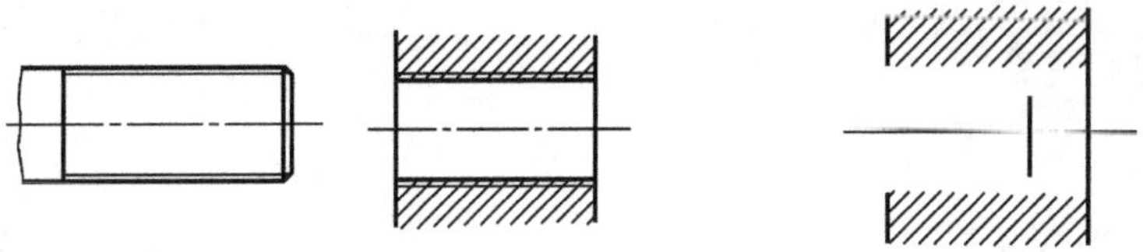

2. 作出螺栓联接装配图。

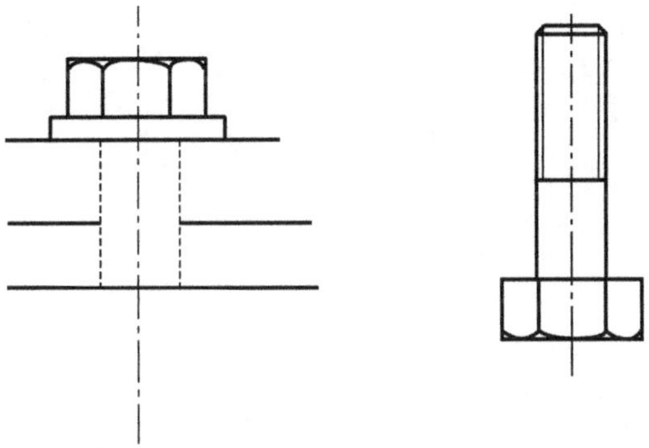

3. 改正螺钉联接的错误。

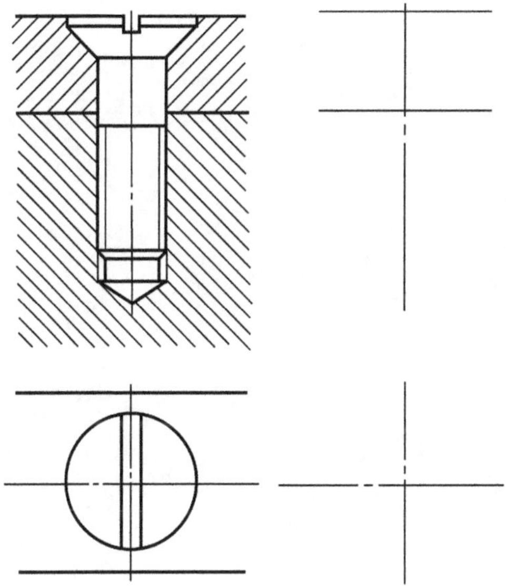

班级＿＿＿＿＿＿＿ 姓名＿＿＿＿＿ 学号＿＿＿＿

4.已知直齿圆柱齿轮模数 m=4，齿数 z=28，计算该齿轮的分度圆 d，齿顶圆 d_a 和齿根圆 d_f。完成下列两视图。

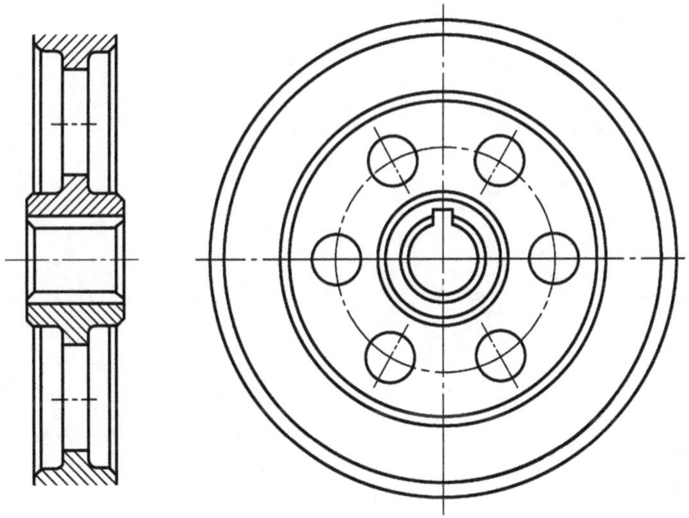

5.作出圆柱齿轮啮合的全剖视图。

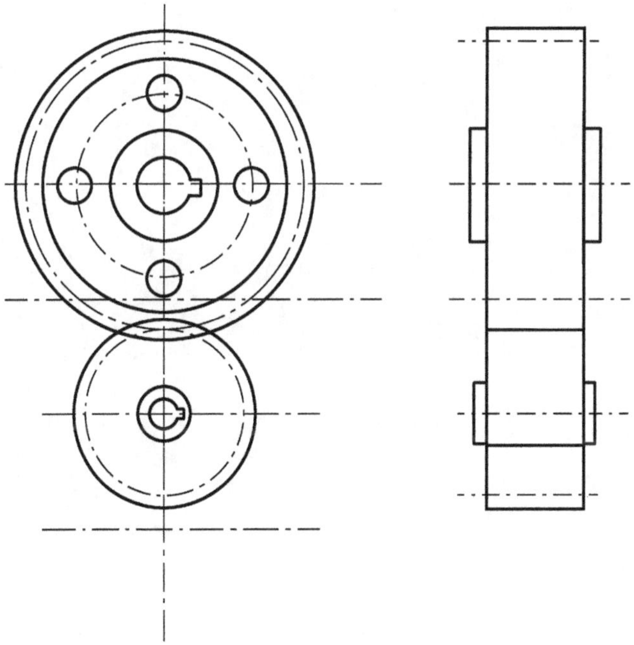

	班级＿＿＿＿＿＿姓名＿＿＿＿学号＿＿＿

1.分析套筒座一组图形的视图表达。

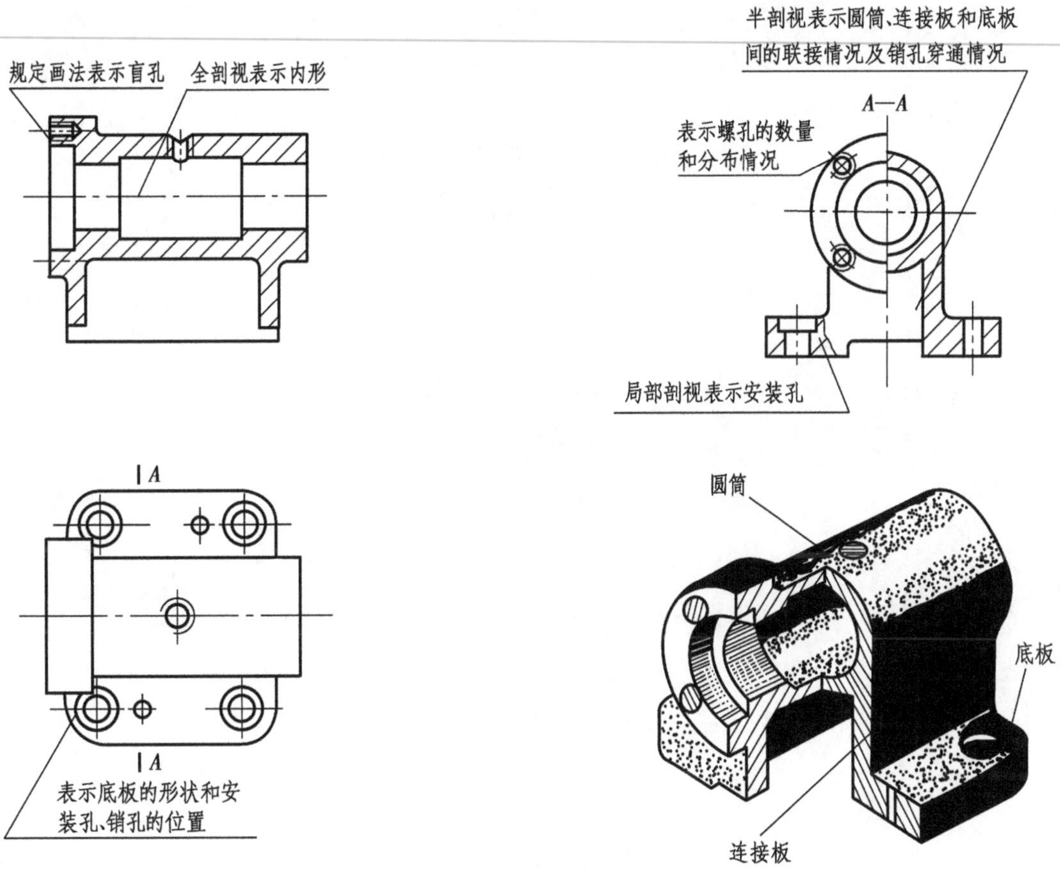
规定画法表示盲孔
全剖视表示内形
半剖视表示圆筒、连接板和底板
间的联接情况及销孔穿通情况
A—A
表示螺孔的数量
和分布情况
局部剖视表示安装孔
A
A
表示底板的形状和安
装孔、销孔的位置
圆筒
底板
连接板

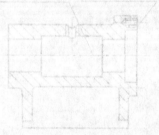

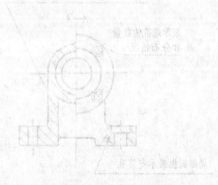

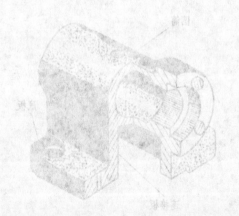

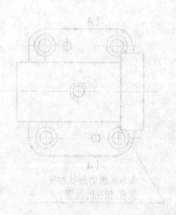

	班级______ 姓名______ 学号______

2.识读图中的形位公差框格，并完成填空。

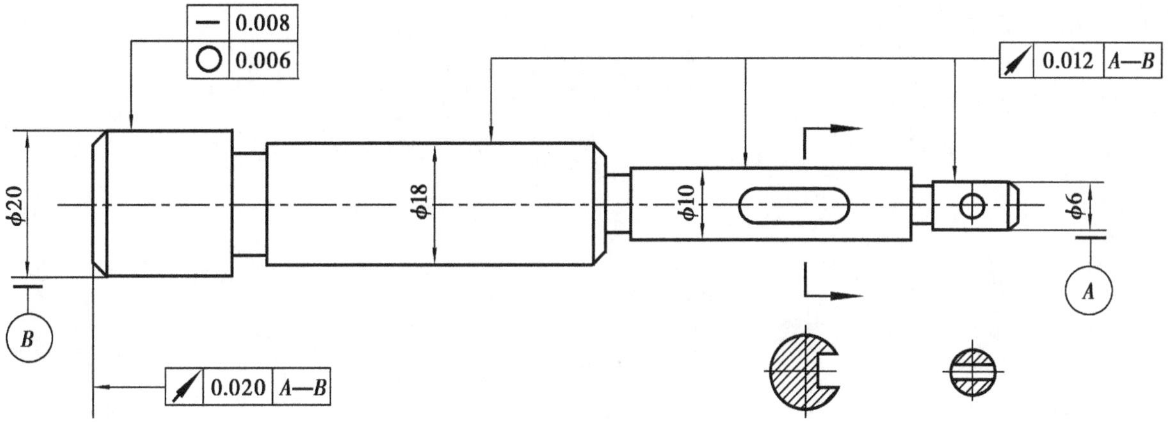

— 0.008
○ 0.006
0.012 A—B
0.020 A—B
φ20
φ18
φ10
φ6
A
B

(1)框格 [— | 0.008] 的含义：被测要素是__________，公差项目为__________，公差值是__________。

(2)框格 [○ | 0.006] 的含义：被测要素是__________，公差项目为__________，公差值是__________。

(3)框格 [↗ | 0.012 | A—B] 的含义：被测要素是__________，基准要素是__________，公差项目为__________，公差值是__________。

(4)框格 [↗ | 0.020 | A—B] 的含义：被测要素是__________，基准要素是__________，公差项目为__________，公差值是__________。

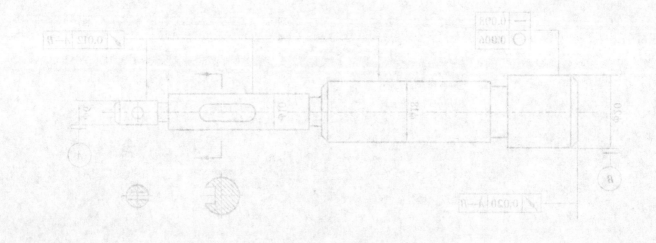

班级__________ 姓名________ 学号______

3.表面粗糙度。

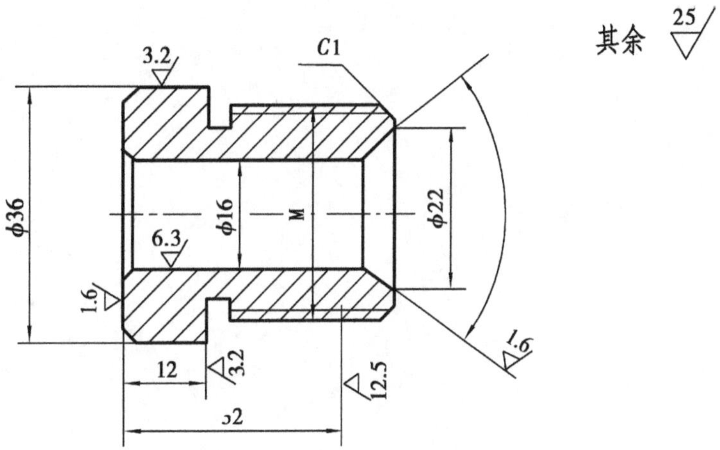

其余
25
3.2
C1
φ36
φ16
M
φ22
6.3
1.6
1.6
12
3.2
12.5
32

(1)φ36 外圆表面的粗糙度代号是__________，左端面的表面粗糙度代号是__________。

(2)锥孔的表面粗糙度代号是______________________________。

(3)螺纹的表面粗糙度代号是______________________________。

(4)图中要求最高的表面粗糙度代号的意义是____________________。

班级__________ 姓名________ 学号______

4. 轴类零件图。

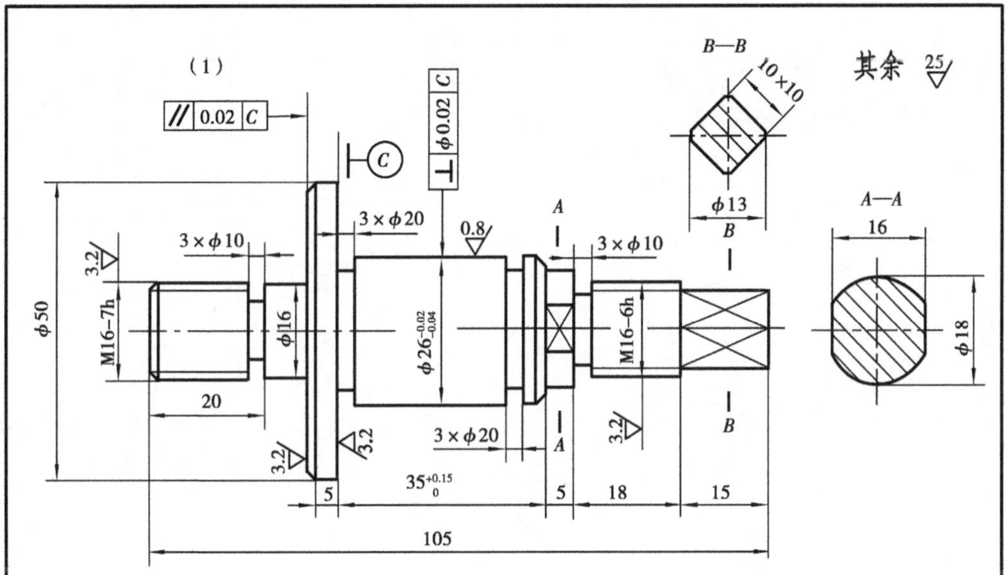

(1)
// 0.02 C
⊥ φ0.02 C
C
B—B
10×10
φ13
B
其余 25
A—A
16
φ18
3×φ10
3×φ20
0.8
A
3×φ10
3.2
M16-7h
φ16
φ50
φ26
M16-6h
20
3.2
3.2
3×φ20
A
3.2
B
5
35
5
18
15
105

技术要求

未注倒角C1.5。

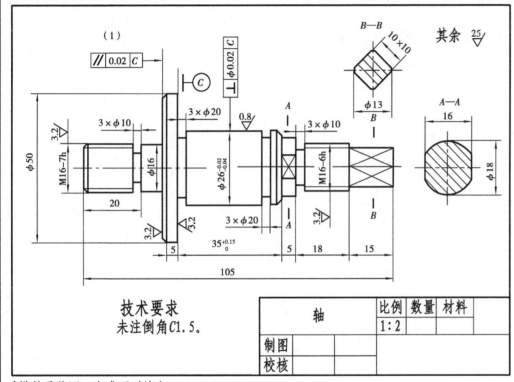

轴	比例	数量	材料	
	1:2			
制图				
校核				

看懂轴零件图，完成下列填空：

(1)该零件的基本形体是________体，属于________类零件。

(2)该零件共用______，个图形表达，基本视图称为______图，其他图形称为______图。

(3) $\phi25^{-0.02}_{-0.04}$表示基本尺寸是______，最大极限尺寸是______，最小极限尺寸是______，公差是______，起圆柱面的表面粗糙度代号的意义为____________。

(4)该零件有______处螺纹，他们的代号分别是：__________、__________。M16-7h的意义是______________________________。

(5)图中编号为（1）的形位公差框格的含义是：基准要素为______，被测要素为______，公差项目为__________，公差值为__________。

班级＿＿＿＿＿＿ 姓名＿＿＿＿ 学号＿＿＿

5.轴套类零件图（看图要求见下页）。

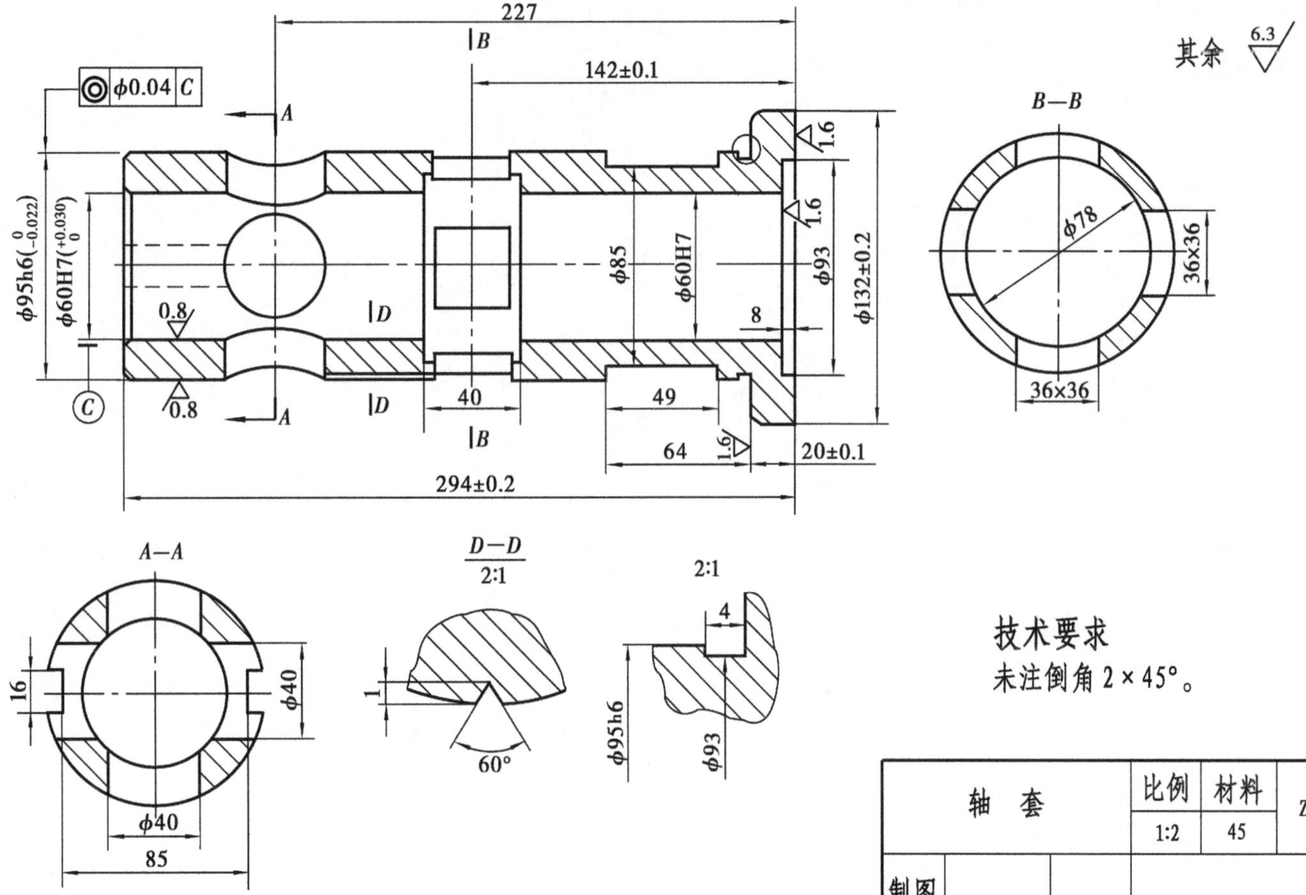
227
142±0.1
其余 6.3
B—B
ϕ0.04 C
A
B
ϕ95h6($^{0}_{-0.022}$)
ϕ60H7($^{+0.030}_{0}$)
0.8
D
ϕ85
ϕ60H7
ϕ93
ϕ132±0.2
1.6
8
ϕ78
36×36
C
40
49
64
20±0.1
294±0.2
A—A
16
ϕ40
85
D—D
2:1
1
60°
4
ϕ95h6
ϕ93

技术要求
未注倒角 2×45°。

轴 套	比例	材料	Z-01-001
	1:2	45	
制图			(单 位)
审核			

	班级________ 姓名________ 学号______

看懂轴套零件图，完成下列填空：

(1)该零件的名称为______，材料______，此材料为______钢。

(2)该零件共用_____个图形表达，主视图采用的是_____剖切面而画出的______剖视图。*A*—*A*是____图，*B*—*B*是______图，其余两个图为______图。

(3)主视图中的两条虚线表示零件上有______个宽度是______、深度为______的槽。

(4)图中 ϕ132±0.2为定_____尺寸，142±0.1为定___尺寸，227为定____尺寸。

(5)图中长度为40的圆柱孔的直径是_______，表面粗糙度代号是_______。

(6)零件上要求表面粗糙度*Ra*值是0.8μm的有_______面和________面。

(7)*A*—*A* 图中所示 ϕ40孔的表面粗糙度代号是_______。

(8)框格 | ◎ | ϕ0.04 | *C* | 表示被测部位为___________，基准要素是_______，公差项目为_______，公差值______。

看懂端盖零件图，完成下列填空：

(1)该零件共用______个图形表达，主视图是______剖视图，剖切方法为__________。

(2)长度方向的尺寸基准是______，高度方向的尺寸基准是_________。

(3)端盖周围共有___个圆孔，它们的直径为_____，定位尺寸是______。

(4)图中 ϕ90外圆的表面粗糙度*Ra*值是_____。

(5)分别指出图中形位公差的被测要素、基准要素、项目名称和公差值。

	班级________ 姓名_______ 学号______

6. 轮盘类零件图。

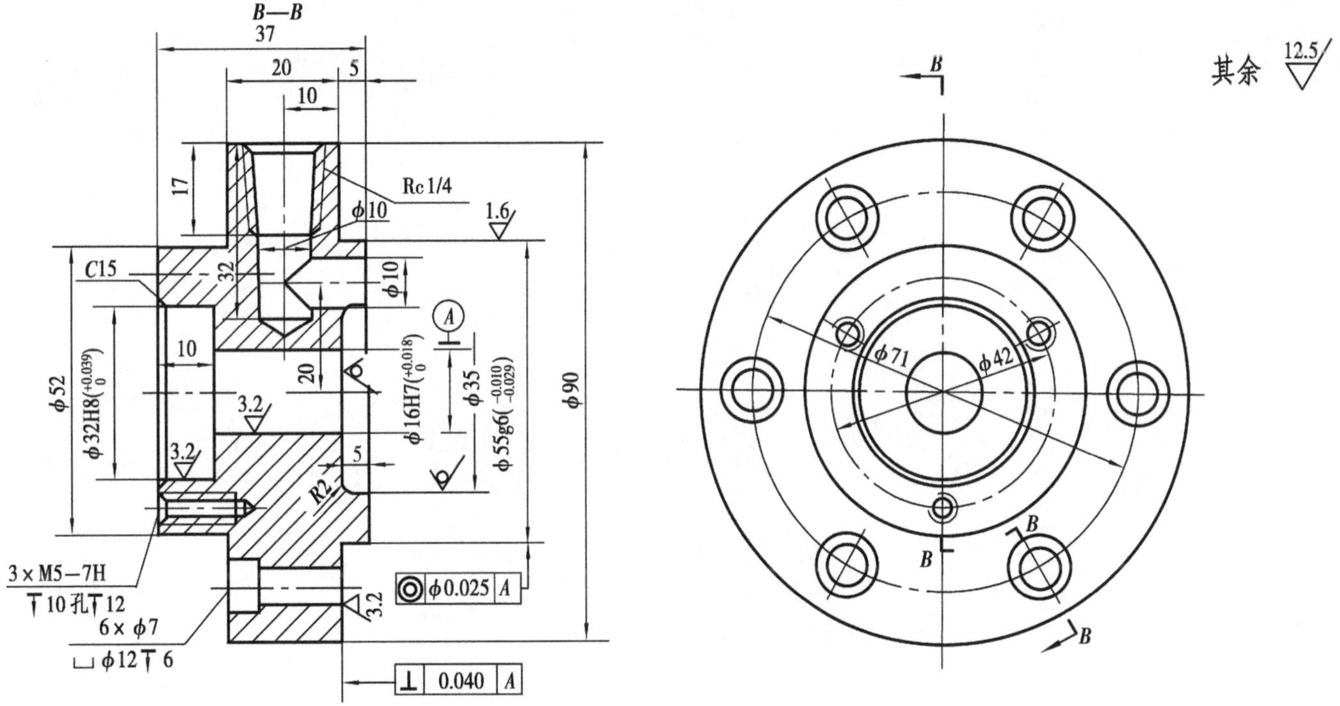
B—B
37
20
5
10
17
Rc 1/4
ϕ10
1.6
C15
32
ϕ10
A
10
ϕ52
ϕ32H8($^{+0.039}_{0}$)
20
ϕ16H7($^{+0.018}_{0}$)
ϕ35
ϕ55g6($^{-0.010}_{-0.029}$)
ϕ90
3.2
3.2
5
R2
3 × M5—7H
⊤10 孔⊤12
6 × ϕ7
⌴ ϕ12⊤6
ϕ0.025 A
3.2
⊥ 0.040 A
B
B
B
B
ϕ71
ϕ42
其余 12.5

技术要求

1. 未注圆角为 *R*3~*R*5；
2. 铸件不得有砂眼及裂纹。

端　盖		比例	材料	（图号）
		1:1	HT150	
制图	（姓名）	（日期）	（单位）	
审核	（姓名）	（日期）		

班级__________ 姓名________ 学号______

7.轮盘类零件图。

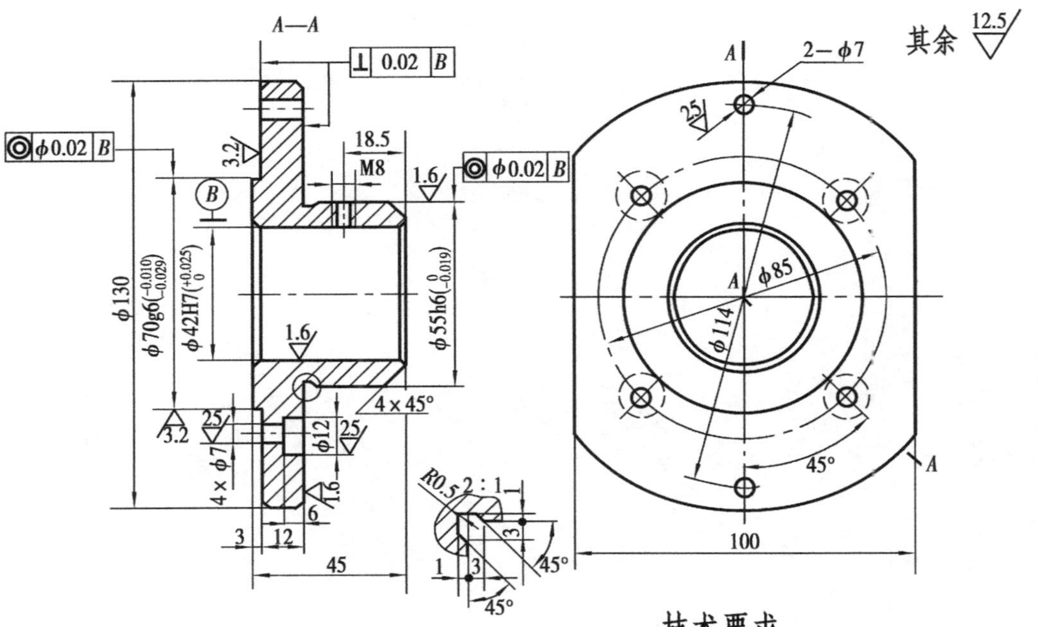

A—A
⊥ 0.02 B
◎ ϕ0.02 B
3.2
18.5
M8
1.6
B
ϕ130
ϕ70g6($^{-0.010}_{-0.029}$)
ϕ42H7($^{+0.025}_{0}$)
ϕ55h6($^{0}_{-0.019}$)
4×45°
25
ϕ12
4×ϕ7
6
3
12
45
R0.5
2∶1
45°
其余 12.5
2—ϕ7
ϕ85
ϕ114
100
A

技术要求

未注倒角1×45°。

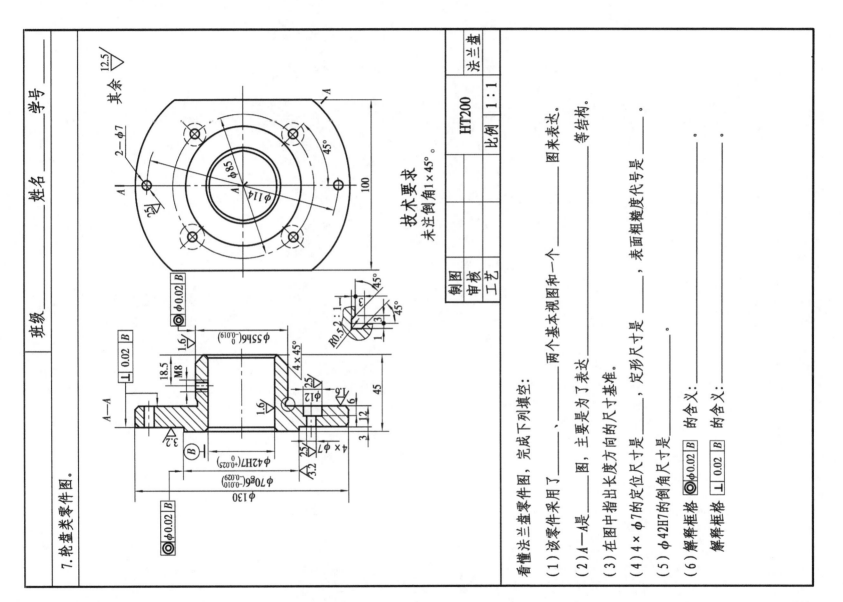

制图			HT200	法兰盘
审核				
工艺			比例 1∶1	

看懂法兰盘零件图，完成下列填空：

(1)该零件采用了______、________两个基本视图和一个___________图来表达。

(2)A—A是_____图，主要是为了表达_____________________________等结构。

(3)在图中指出长度方向的尺寸基准。

(4)4×ϕ7的定位尺寸是_____，定形尺寸是_____，表面粗糙度代号是_____。

(5)ϕ42H7的倒角尺寸是_____________。

(6)解释框格 ◎ϕ0.02 B 的含义：_________________________________。

解释框格 ⊥ 0.02 B 的含义：_________________________________。

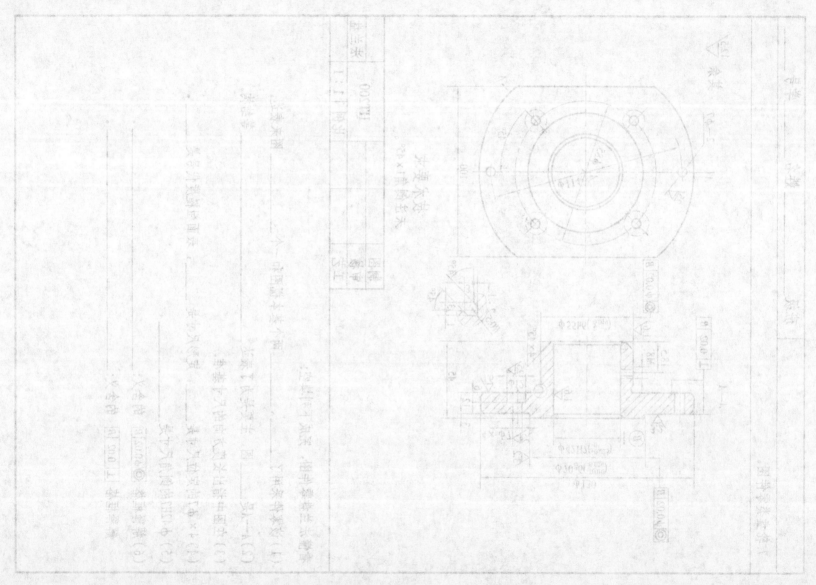

8. 叉架类零件图。

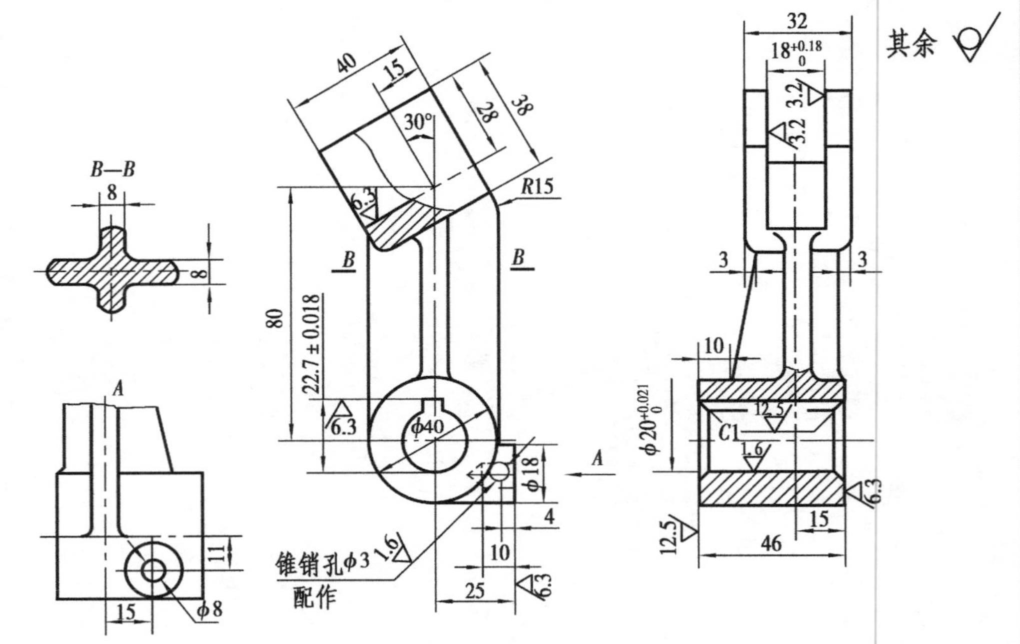
B—B
8
8
A
11
15
ϕ8
40
15
30°
28
38
R15
6.3
B
B
80
22.7 ± 0.018
6.3
ϕ40
ϕ18
A
4
10
25
6.3
1.6
锥销孔ϕ3
配作
32
$18^{+0.18}_{0}$
3.2
3.2
其余
3
3
10
$\phi 20^{+0.021}_{0}$
12.5
C1
1.6
6.3
15
12.5
46

技术要求

未注圆角为R3~R6。

拨　　叉			比 例	材 料
			1 : 2	HT200
制图				
审核				

看懂拨叉零件图,完成下列填空:

(1) 该零件的名称称为______,材料是________。

(2) 该零件用了____个基本视图,A向是________视图。它主要表达________结构形状。

$B—B$为______视图,它主要表达__________结构形状。

(3) 拨叉下方圆筒外圆的定形尺寸是__________,上方叉口的定形尺寸是________。

(4) 叉口的定位尺寸是________,它的内、外表面粗糙度代号分别是______________。

(5) ϕ8孔的深度为______,定位尺寸是________。

(6) 在图中指出长、高、宽3个方向的尺寸基准。

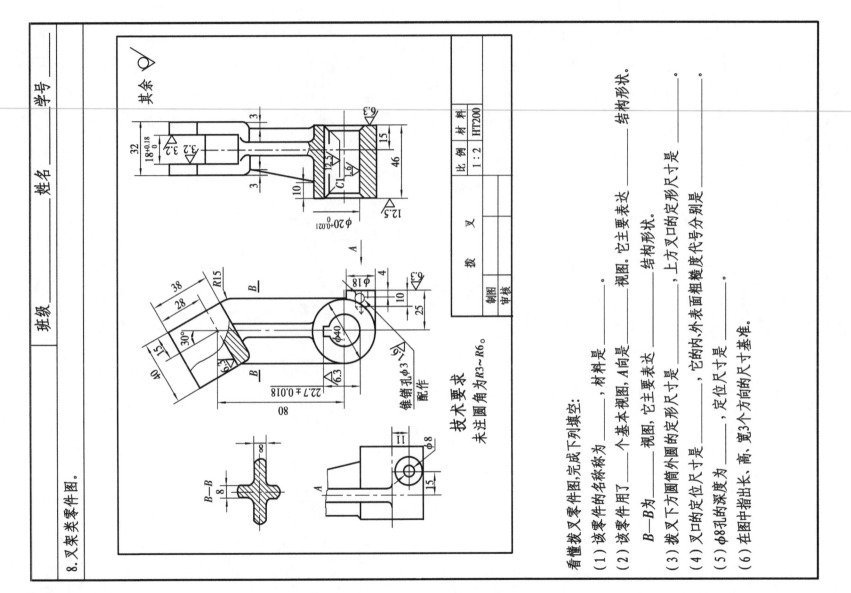

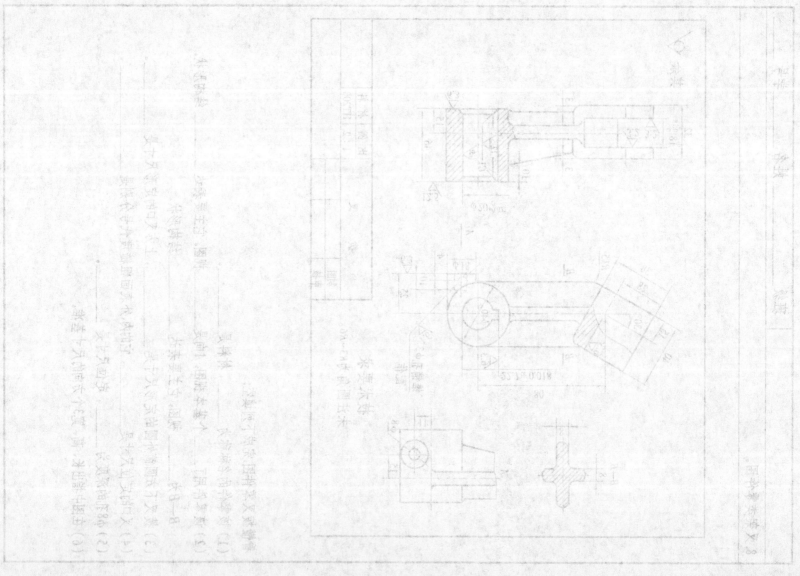

班级________ 姓名________ 学号________

9.零件测绘。

用A4图纸，根据轴测图，画零件图。

零件名称：轴

材　　料：45

比　　例：1：1

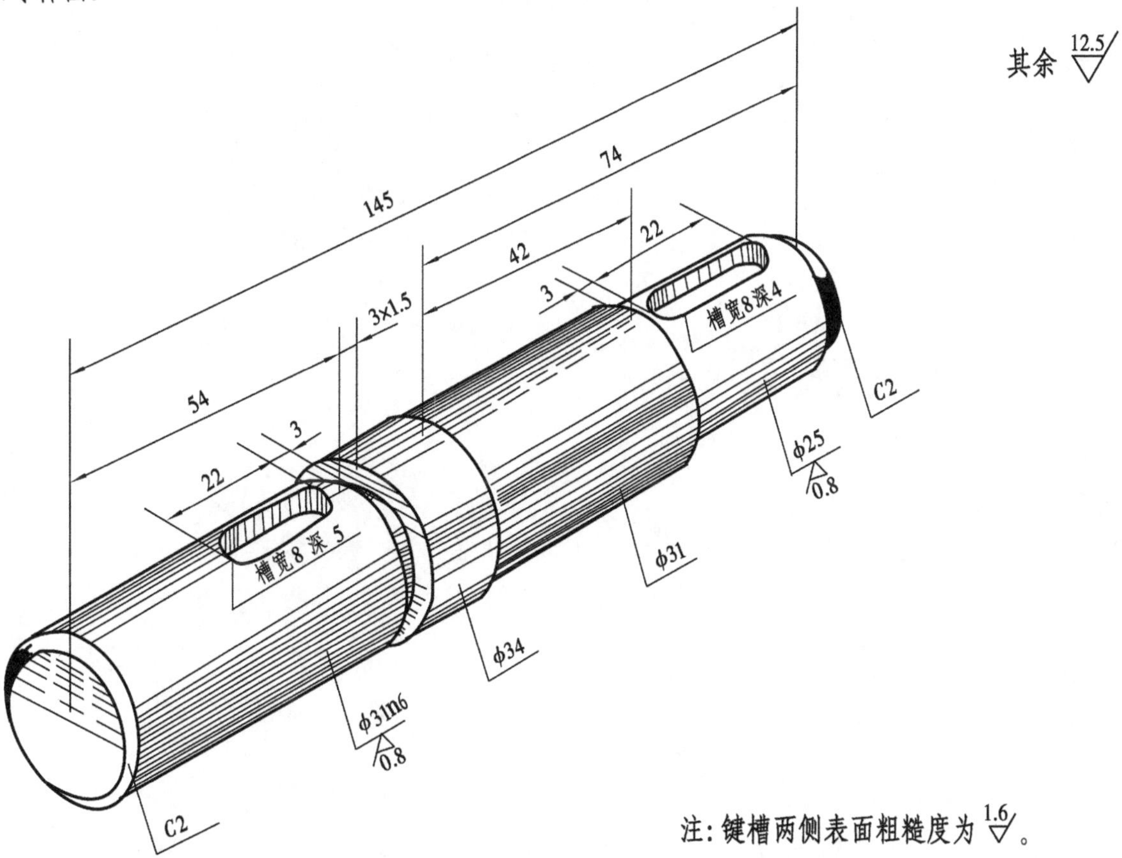

其余 12.5
145
74
54
42
22
22
3
3
3×1.5
槽宽8深4
槽宽8 深 5
C2
C2
φ25
0.8
φ31
φ34
φ31m6
0.8

注：键槽两侧表面粗糙度为 1.6。

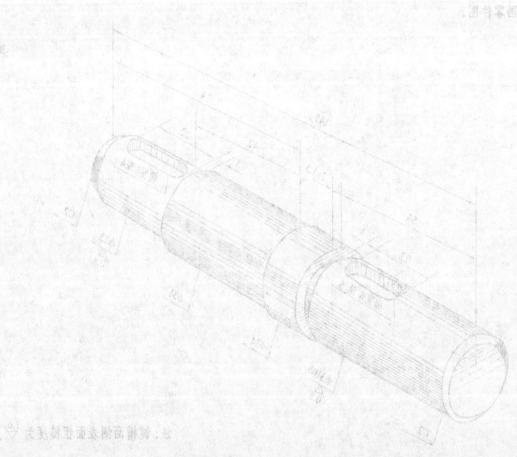

班级＿＿＿＿＿＿姓名＿＿＿＿＿学号＿＿＿＿

看装配图回答下列问题。

(1)看懂支顶装配图，并填空:

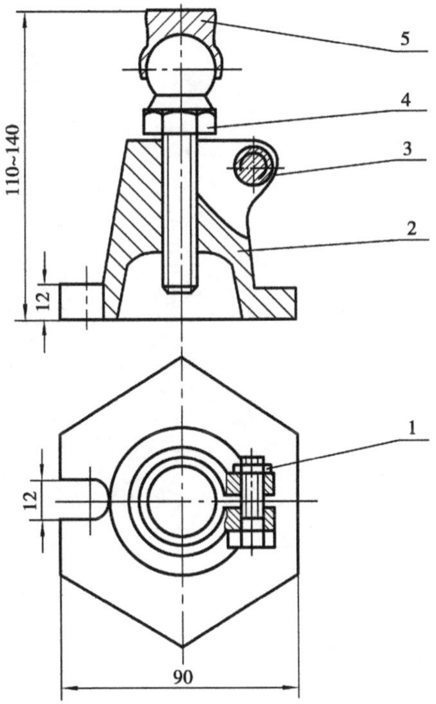
5
4
3
2
1
110~140
12
12
90

1)支顶是由＿＿＿＿个零件组成，其中标准件有＿＿＿＿个。

2)主视图采用＿＿＿＿剖视，俯视图采用＿＿＿＿剖视。

3)3号零件因为是＿＿＿＿件，所以在主视图上＿＿＿画剖面线。

4)图中标注尺寸110~140 mm是装配图的＿＿＿＿尺寸，表示最高可以调整到＿＿＿＿＿，最低高度为＿＿＿＿＿。

5	顶碗	1	45	
4	顶杆	1	45	
3	螺栓 M10×30	1	Q235	GB/ T 6170—2000
2	支座	1	HT200	
1	螺母 M10	1	Q235	GB/ T 6175—2000
序号	名称	件数	材料	备注
设计				(厂名)
校核				支顶
审核			比例 1:1	(图号)

换向阀装配图。

班级__________ 姓名________ 学号______

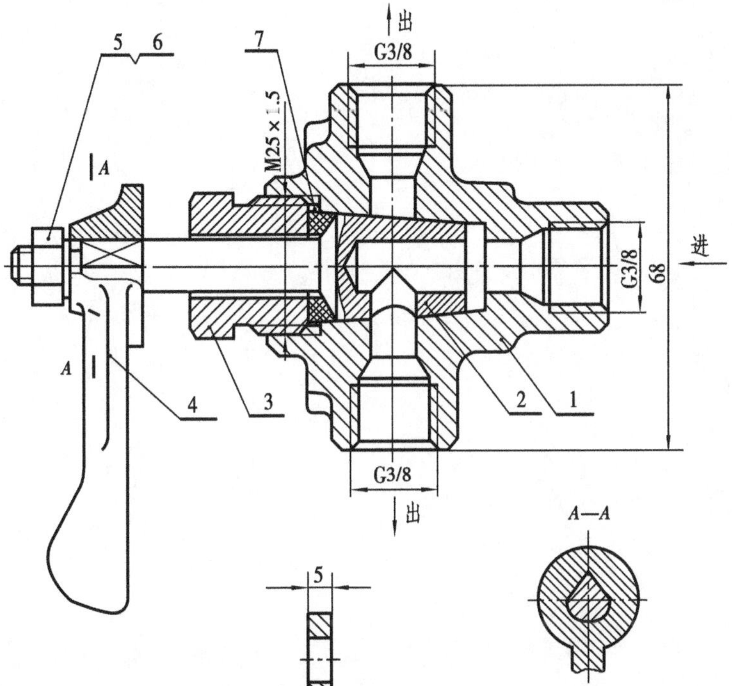

5 6
7
出
G3/8
M25×1.5
A
A
进
G3/8
68
4
3
2
1
G3/8
出
A—A

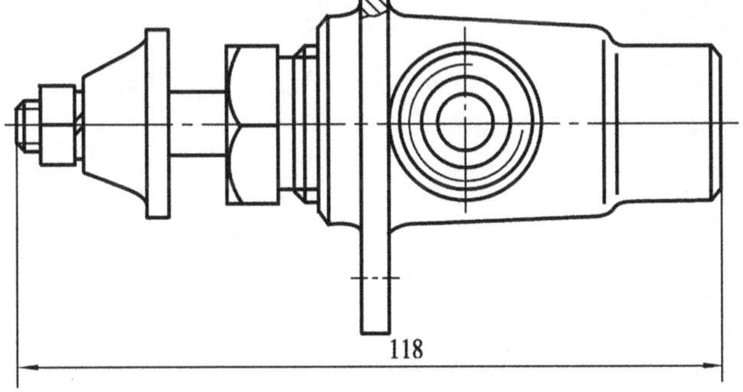

5
118

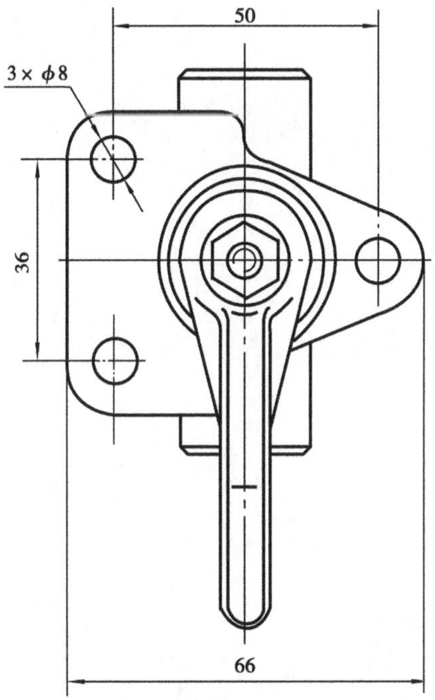

50
3×φ8
36
66

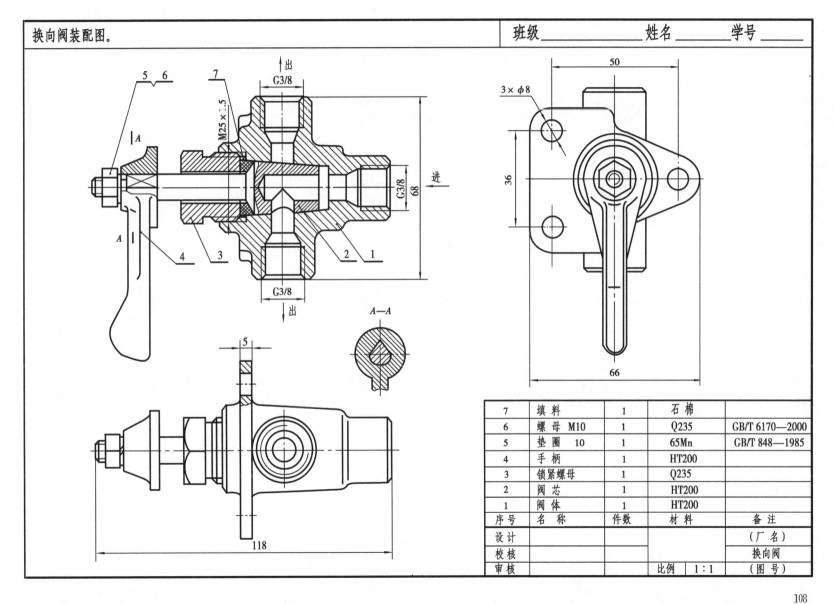

序号	名 称	件数	材 料	备 注
7	填 料	1	石 棉	
6	螺 母 M10	1	Q235	GB/T 6170—2000
5	垫 圈 10	1	65Mn	GB/T 848—1985
4	手 柄	1	HT200	
3	锁紧螺母	1	Q235	
2	阀 芯	1	HT200	
1	阀 体	1	HT200	

设 计				（厂 名）
校 核				换向阀
审 核			比例 1∶1	（图 号）

班级＿＿＿＿＿＿＿ 姓名＿＿＿＿＿ 学号＿＿＿＿

（2）看换向阀装配图要求：

工作原理

换向阀用于流体管路中控制流体的输出方向。在图示情况下，流体从右边进入，从下出口流出。当转动手柄4，使阀芯2旋转180°时，下出口不通，流体从上出口流出。根据手柄转动角度大小，还可以调节出口处的流量。

回答下列问题：

1）本装配图共用＿＿个图形表达，A—A断面表示＿＿＿＿和＿＿＿之间的装配关系。

2）换向阀由＿＿种零件组成，其中标准件有＿＿种。

3）换向阀的规格尺寸为＿＿＿＿，图中标记G3/8的含义是：G是代号，它表示＿＿＿＿螺纹，3/8是＿＿＿＿代号。

4）3×ϕ8孔的作用是＿＿＿＿＿，其定位尺寸称为＿＿＿＿＿尺寸。

5）锁紧螺母的作用是＿＿＿＿＿＿＿＿＿＿＿＿＿＿＿。

（3）看台虎钳装配图要求：

1）本装配体名称是＿＿＿＿，由＿＿＿种零件组成，其中标准件有种。

2）转动手柄使＿＿＿＿＿同时转动，由于螺母与丝杆是＿＿＿＿连接，面丝杆转动时，被＿＿＿＿阻挡，不能作左右移动，迫使螺母左右移动。螺母活动钳身6是＿＿＿＿配合，而且还有两个紧定螺钉12将它们连接在一起（从左视图可看出），于是螺母连同活动钳身一起左右移动，达到夹紧工件的目的。

3）台虎钳夹持工件厚度尺寸的最大范围是＿＿＿＿，台虎钳安装到工作台面上时台面的厚度尺寸应≤＿＿＿＿。

4）保证活动钳身左右移动不产生偏斜，是通过活动钳身6与固定钳身8上面的＿＿＿＿导轨导向实现的。

5）钳口铁7与活动钳身、固定钳身是通过＿＿＿＿连接的。

6）主视图中ϕ24H8/f7表示件＿＿＿＿与件＿＿＿之间是＿＿＿＿＿配合。

台虎钳装配图。 班级________ 姓名________ 学号________

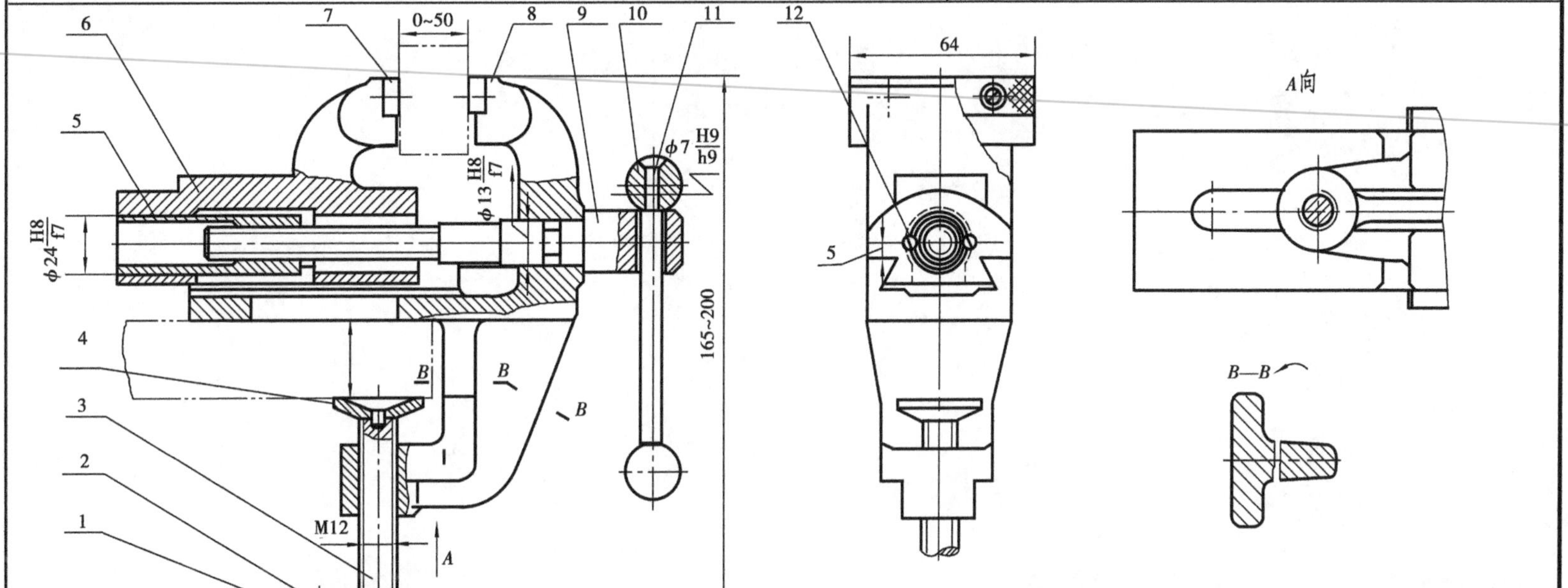

6
7
0~50
8
9
10
11
12
64
A向
5
$\phi 7\frac{H9}{h9}$
$\phi 13\frac{H8}{f7}$
$\phi 24\frac{H8}{f7}$
165~200
4
B
B—B
3
2
M12
A
1
$\phi 5\frac{H9}{h9}$

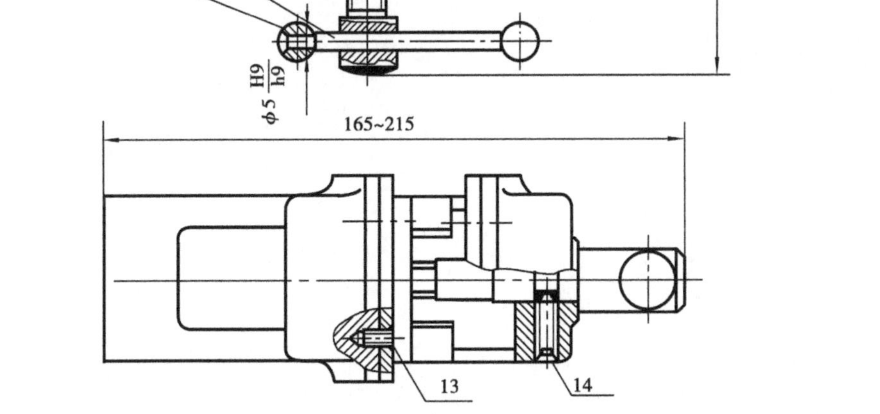

165~215
13
14

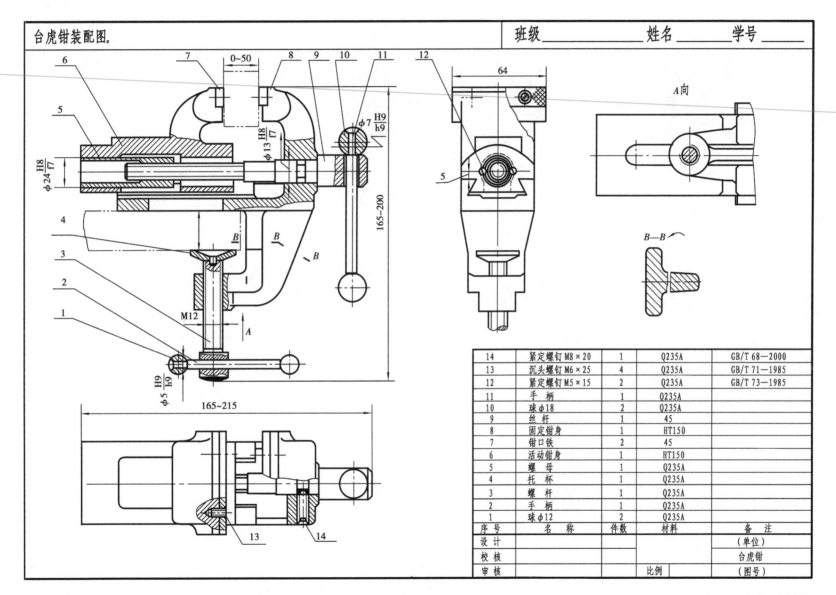

14	紧定螺钉 M8×20	1	Q235A	GB/T 68—2000
13	沉头螺钉 M6×25	4	Q235A	GB/T 71—1985
12	紧定螺钉 M5×15	2	Q235A	GB/T 73—1985
11	手　柄	1	Q235A	
10	球 φ18	2	Q235A	
9	丝 杆	1	45	
8	固定钳身	1	HT150	
7	钳口铁	2	45	
6	活动钳身	1	HT150	
5	螺　母	1	Q235A	
4	托　杯	1	Q235A	
3	螺　杆	1	Q235A	
2	手　柄	1	Q235A	
1	球 φ12	2	Q235A	
序号	名　称	件数	材料	备　注

设 计				（单位）
校 核				台虎钳
审 核			比例	（图号）

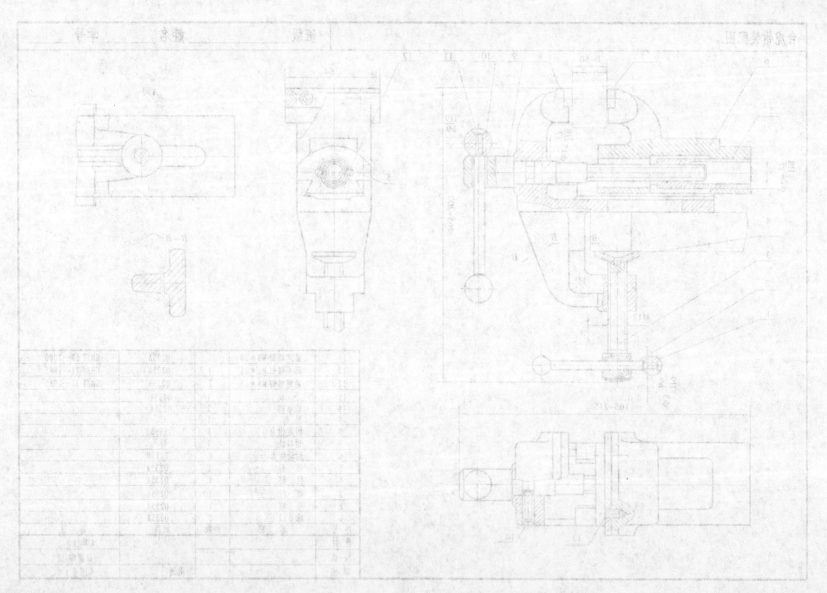

钻模装配图　　　　班级＿＿＿＿＿＿ 姓名＿＿＿＿＿ 学号＿＿＿＿

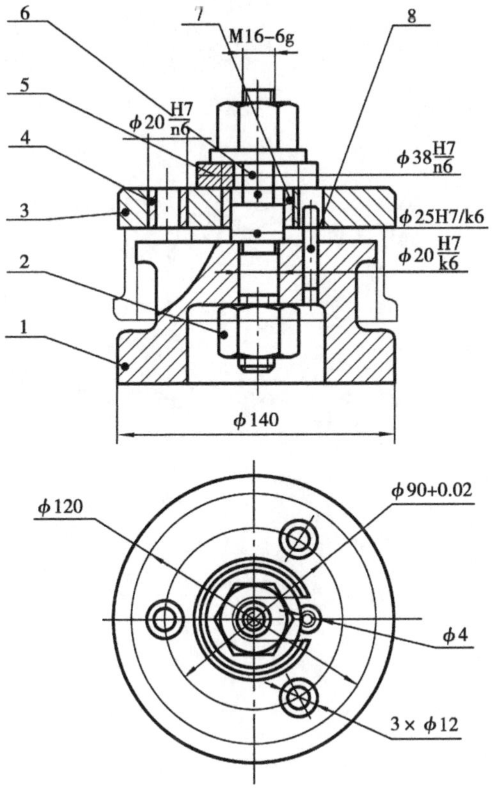

6
7
8
M16-6g
5
$\phi20\frac{H7}{n6}$
4
$\phi38\frac{H7}{n6}$
3
ϕ25H7/k6
2
$\phi20\frac{H7}{k6}$
1
ϕ140
ϕ120
ϕ90+0.02
ϕ4
3×ϕ12

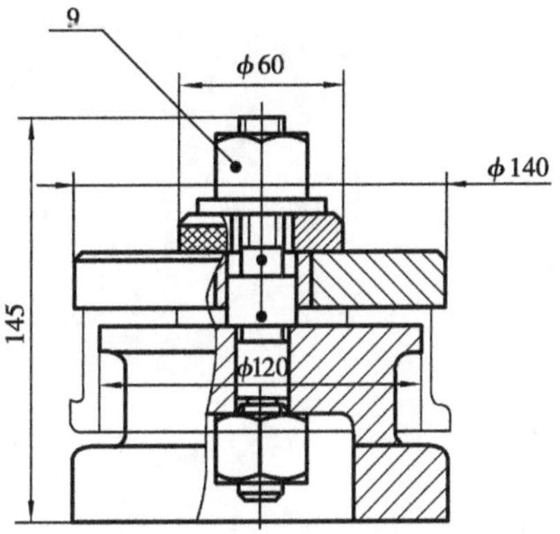

9
ϕ60
ϕ140
145
ϕ120

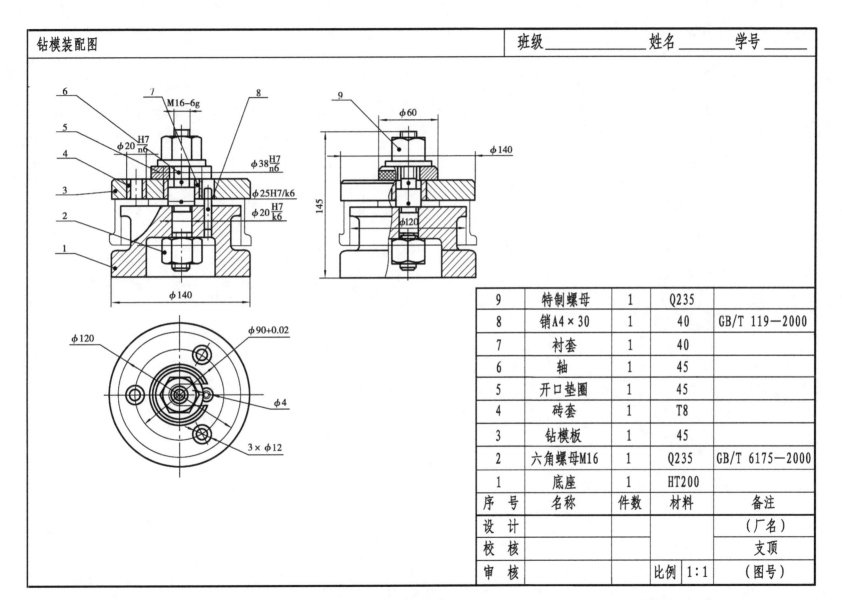

序号	名称	件数	材料	备注
9	特制螺母	1	Q235	
8	销A4×30	1	40	GB/T 119—2000
7	衬套	1	40	
6	轴	1	45	
5	开口垫圈	1	45	
4	砖套	1	T8	
3	钻模板	1	45	
2	六角螺母M16	1	Q235	GB/T 6175—2000
1	底座	1	HT200	

设计					（厂名）
校核					支顶
审核			比例	1:1	（图号）

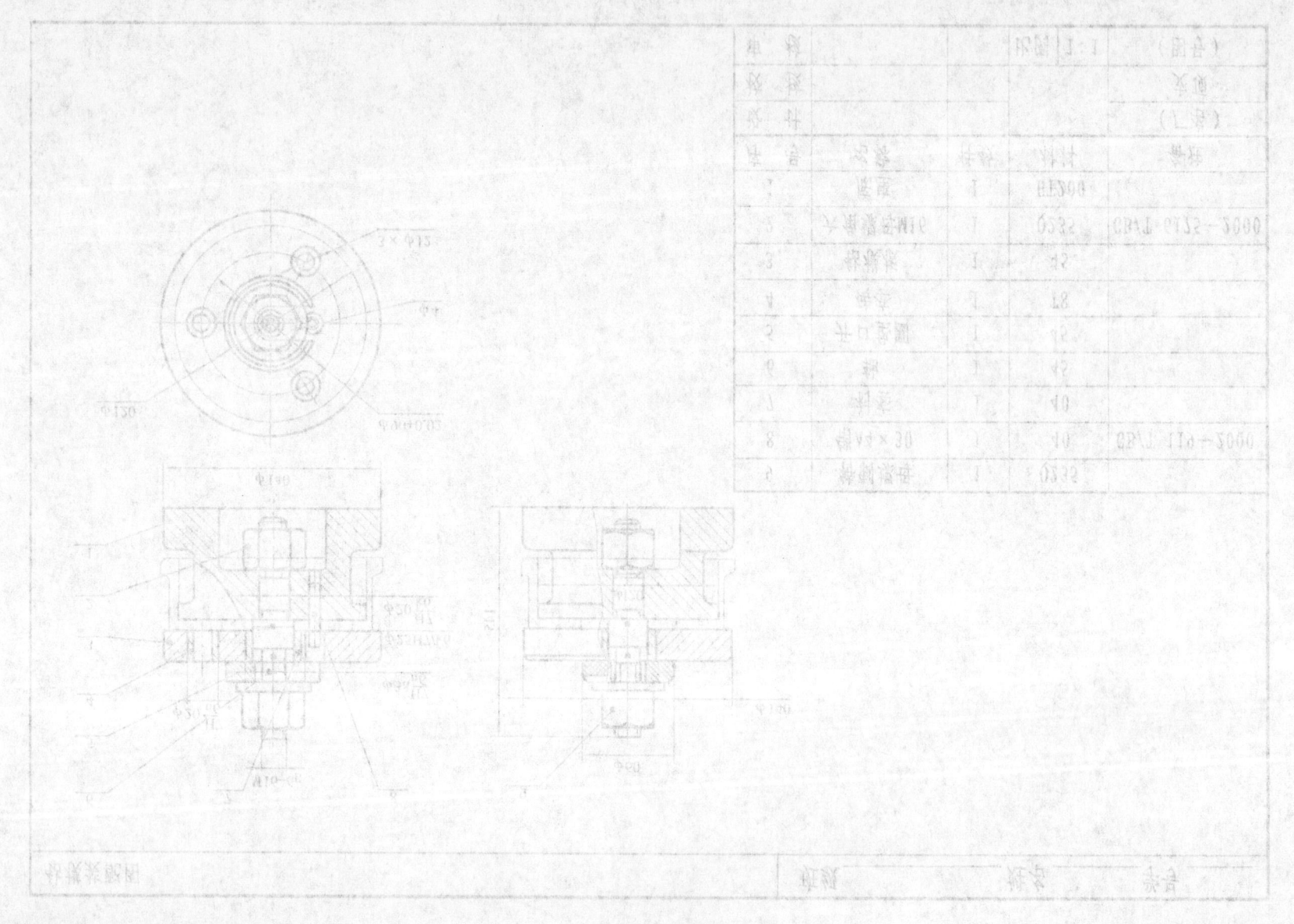

班级______ 姓名______ 学号______

(4)看钻模装配图要求:

工作原理

钻模是用于加工有孔的工件(图中用双点画线所示的部分)夹具。把工件放在件1底座上，装上件3钻模板，钻模板通过件8圆柱销定位后，再放置件5开口垫圈，并用件9特制螺母压紧。钻头通过件4钻套的内孔，准确地在工件上钻孔。

回答下列问题:

1)钻模由______种______个零件组成，其中标准件有______个。

2)该钻模采用______个图形表达，其中主视图采用______剖视，左视图采用______剖视。

3)件3钻模板上有______个ϕ20H7/n6配合的钻套孔，其孔的定位尺寸是______。件4钻套的材料是______，主要作用是______、______。

4)件1底座上有______个圆弧槽，其作用是______。

5)从钻模装配图中可以看出，被加工工件需钻______个直径为______的孔。

6)该钻模的总体尺寸为______。

7)被加工工件上的孔钻完后，应先旋松零件______，再取下件______和件______，被加工工件便可拿出。

综合测试题

班级________ 姓名________ 学号________

综合练习题（一）

一、根据已知视图，补画第三视图（24分）。

1.

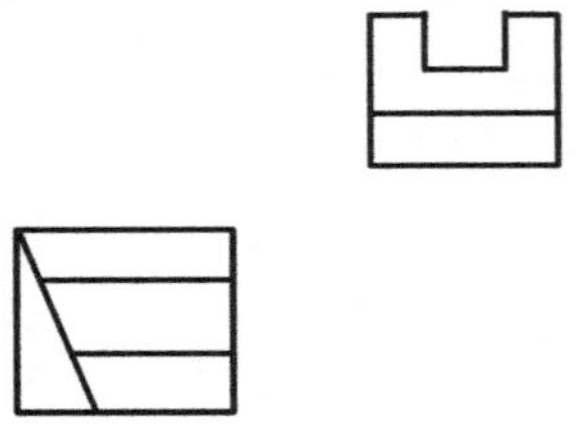

2.

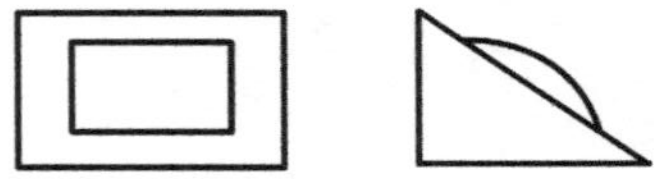

3.

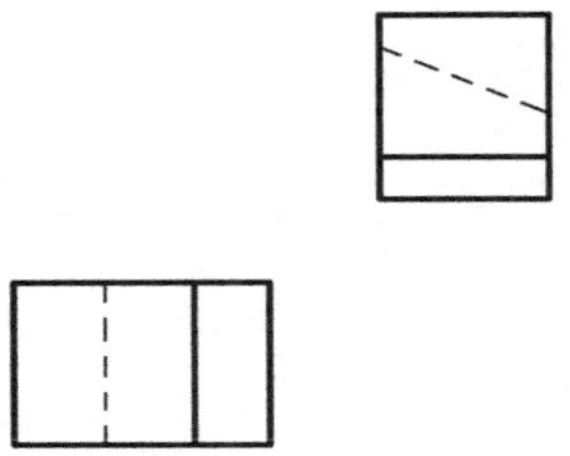

4.

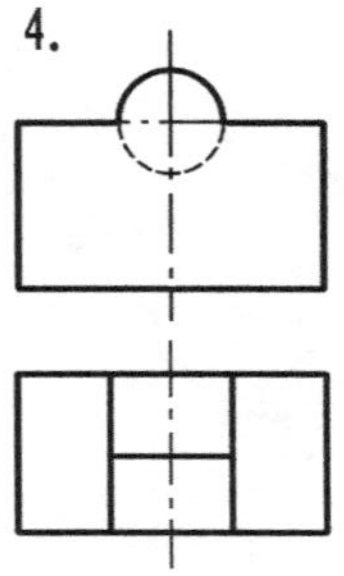

二、分析已知视图，补画视图中的缺、漏线（16分）。

1.

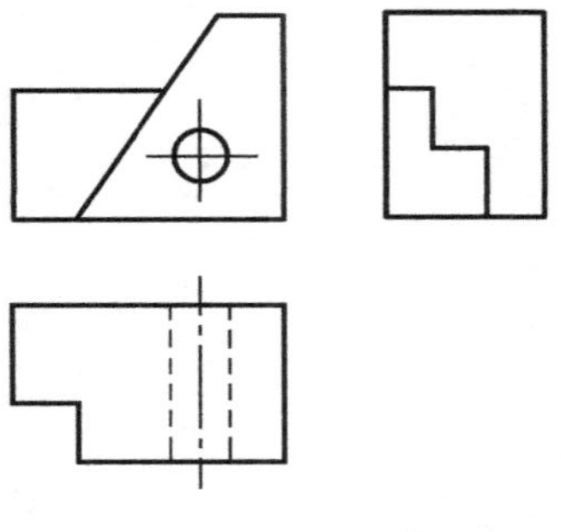

2.

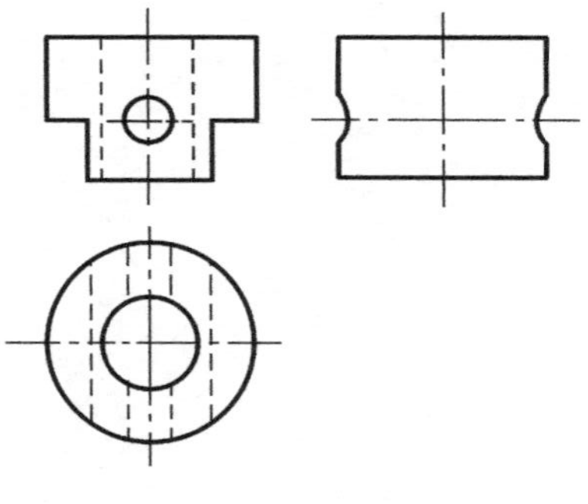

三、选择正确的位置作局部剖视图（8分）。

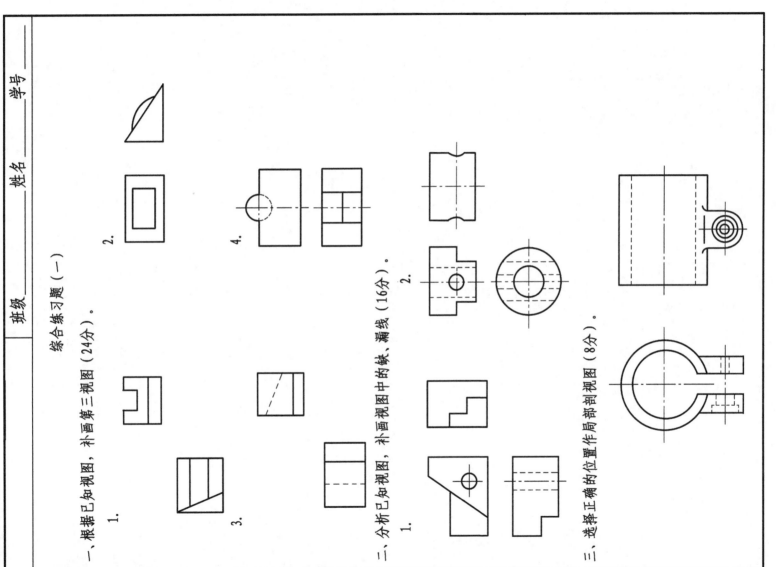

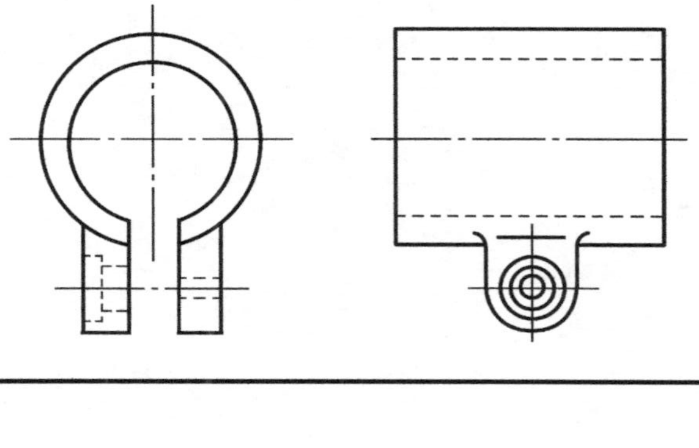

班级________________姓名 ________学号 ______

四、将主视图补画成半剖视图（10分）。

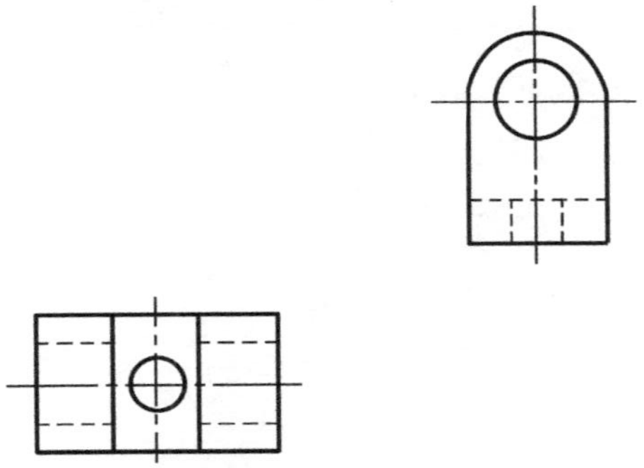

五、根据物体的视图，用1:1的比例画出其正等测图（14分）。

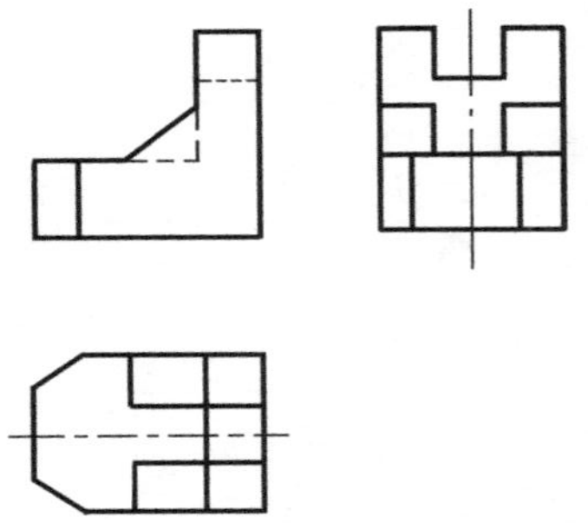

六、分析下图中螺栓连接的画法错误，并用比例画法在空白处画出正确的连接图（10分）。

螺栓 GB/T 5782—2000 M12×65

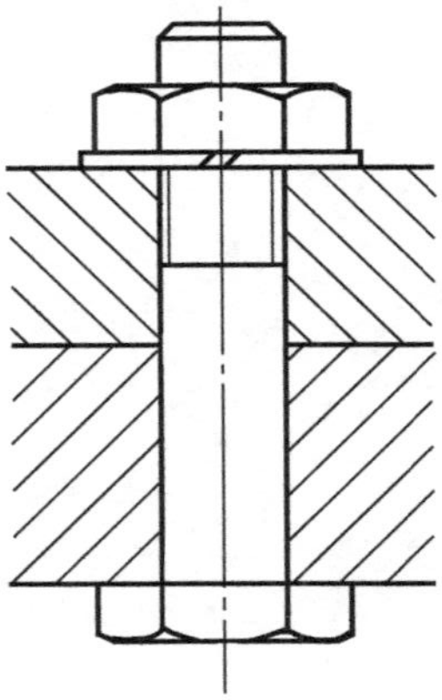

班级________ 姓名________ 学号________

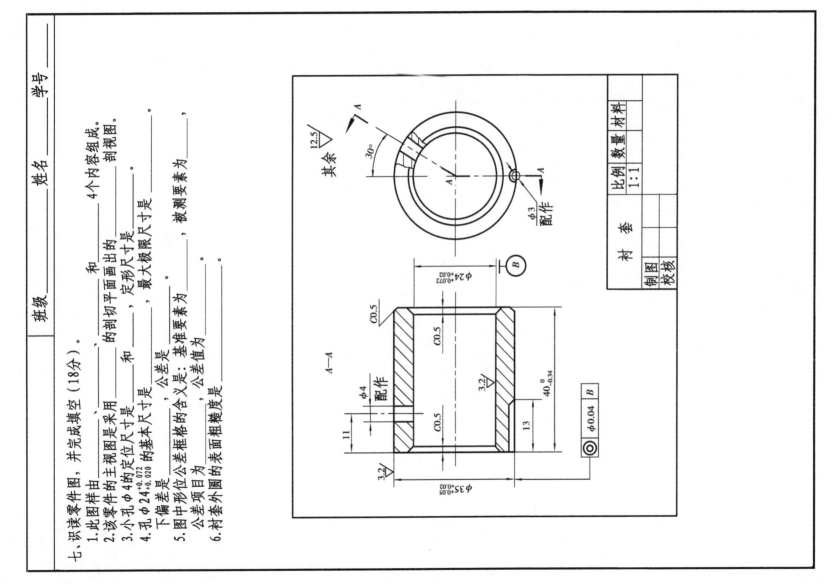

七、识读零件图，并完成填空（18分）。

1.此图样由________、________、________和________4个内容组成。

2.该零件的主视图是采用________的剖切平面画出的________剖视图。

3.小孔 $\phi 4$ 的定位尺寸是______和______，定形尺寸是________。

4.孔 $\phi 24^{+0.072}_{+0.020}$ 的基本尺寸是__________，最大极限尺寸是__________。下偏差是__________，公差是________。

5.图中形位公差框格的含义是：基准要素为________，被测要素为______，公差项目为________，公差值为__________。

6.衬套外圆的表面粗糙度是______________。

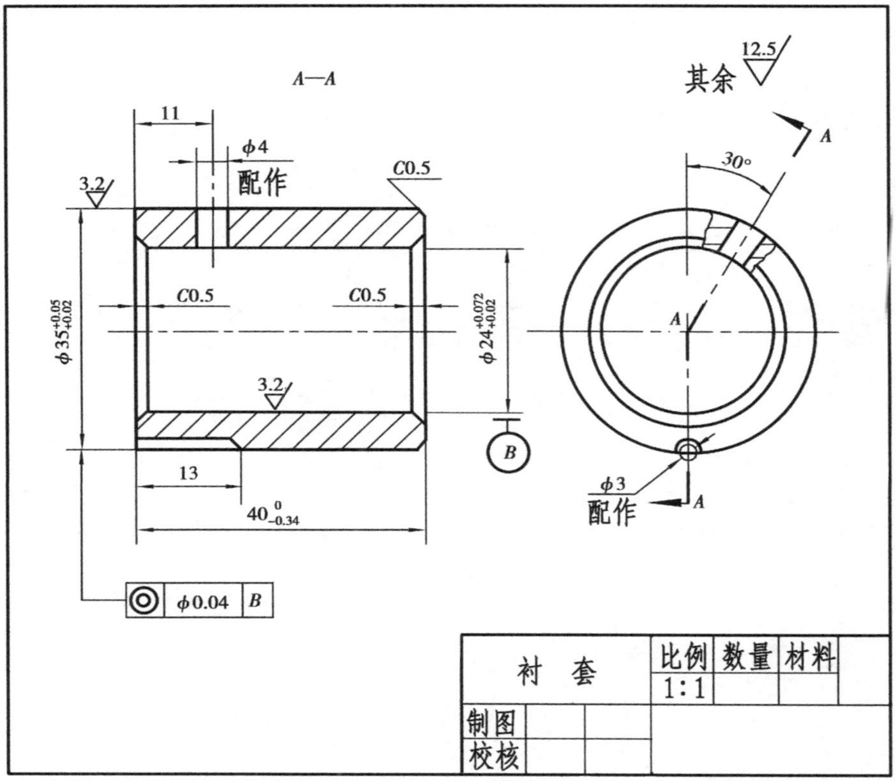

A—A
其余 12.5
11
φ4
配作
C0.5
3.2
C0.5
C0.5
φ35+0.05 +0.02
φ24+0.072 +0.02
3.2
B
13
40 0 -0.34
φ0.04 B
30°
A
A
A
φ3
配作
衬 套
比例
数量
材料
1:1
制图
校核

班级＿＿＿＿＿＿ 姓名＿＿＿＿＿ 学号＿＿＿＿

综合练习题（二）

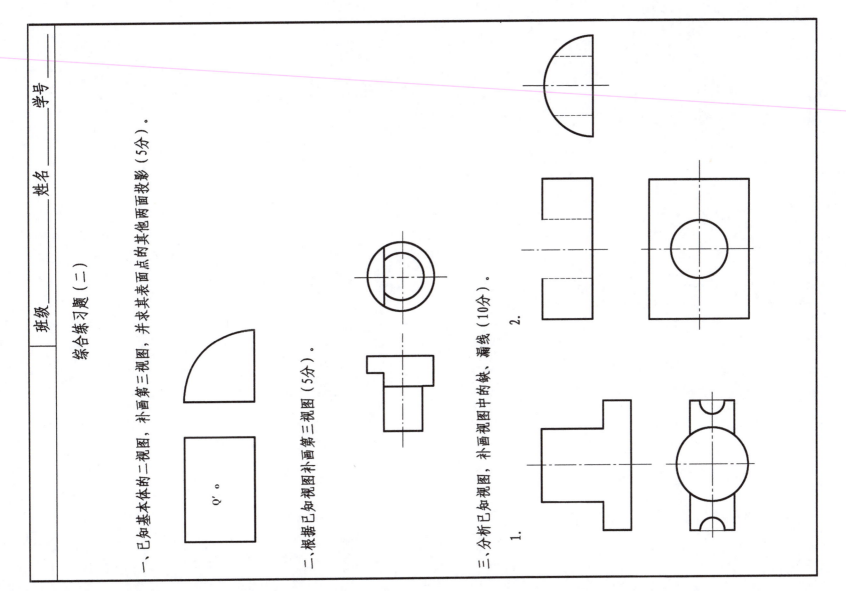

一、已知基本体的二视图，补画第三视图，并求其表面点的其他两面投影（5分）。

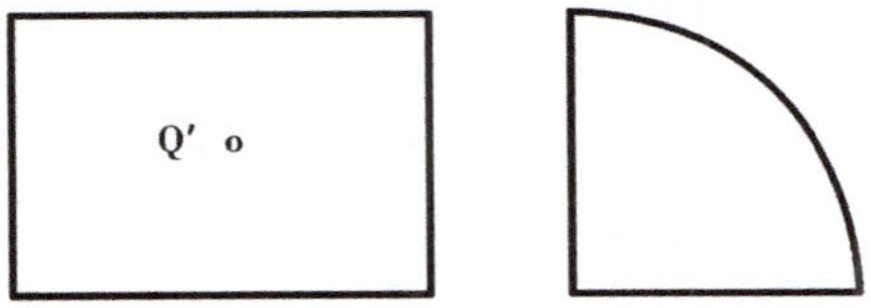

Q′ o

二、根据已知视图补画第三视图（5分）。

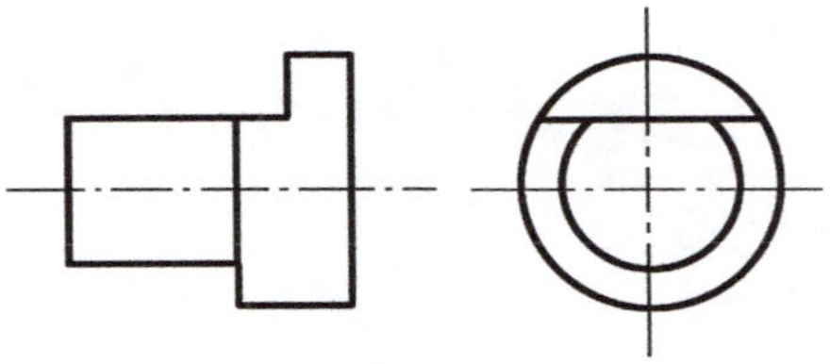

三、分析已知视图，补画视图中的缺、漏线（10分）。

1.

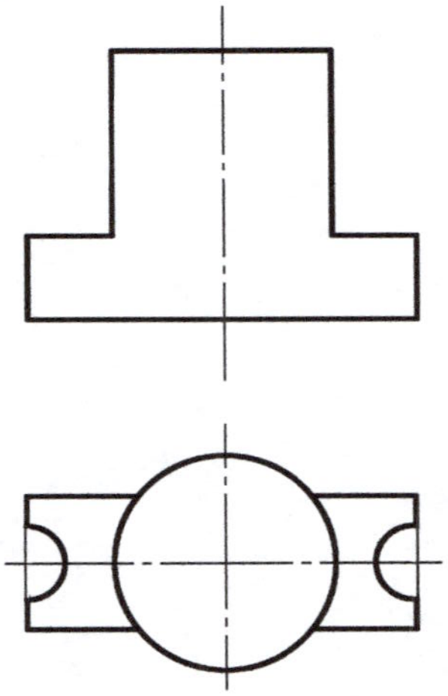

2.

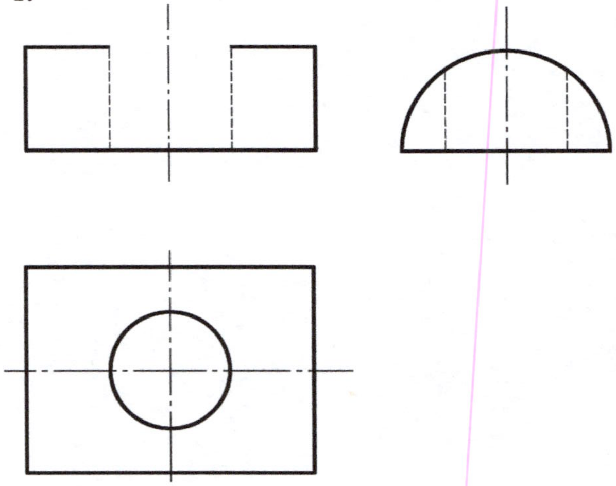

班级________ 姓名________ 学号________

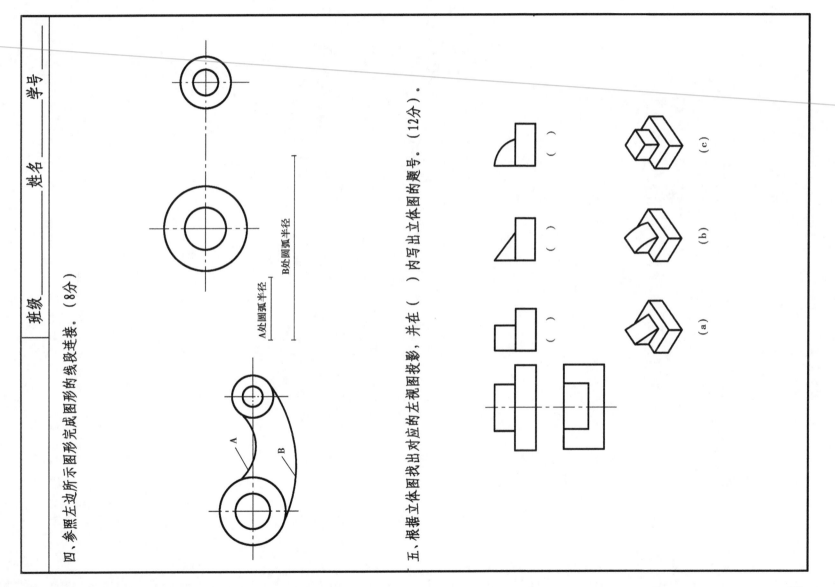

四、参照左边所示图形完成图形的线段连接。（8分）

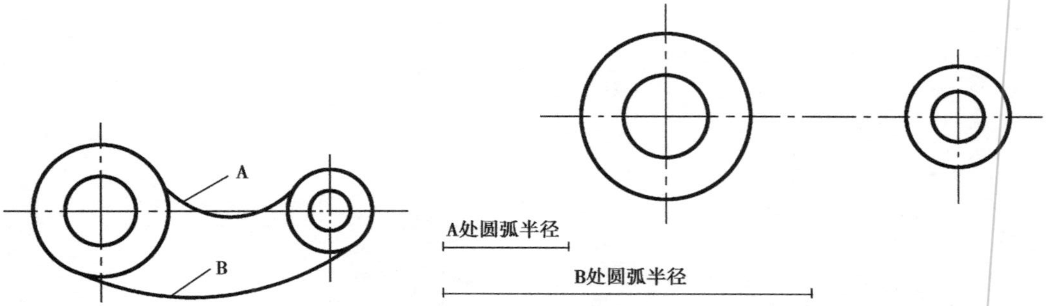
A
B
A处圆弧半径
B处圆弧半径

五、根据立体图找出对应的左视图投影，并在（　）内写出立体图的题号。（12分）。

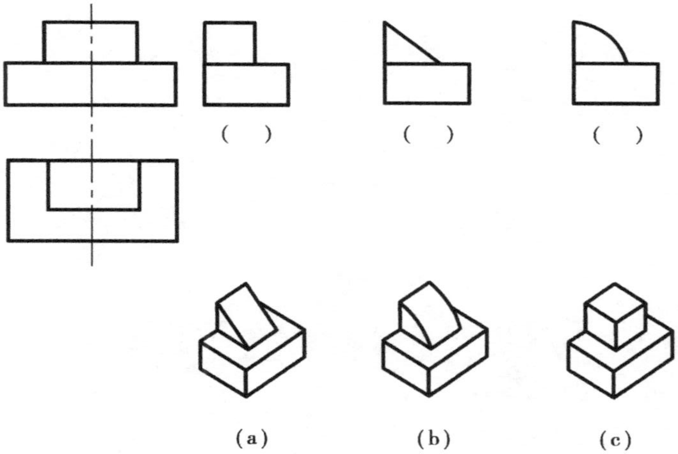
(　)
(　)
(　)
(a)
(b)
(c)

班级________ 姓名______ 学号______

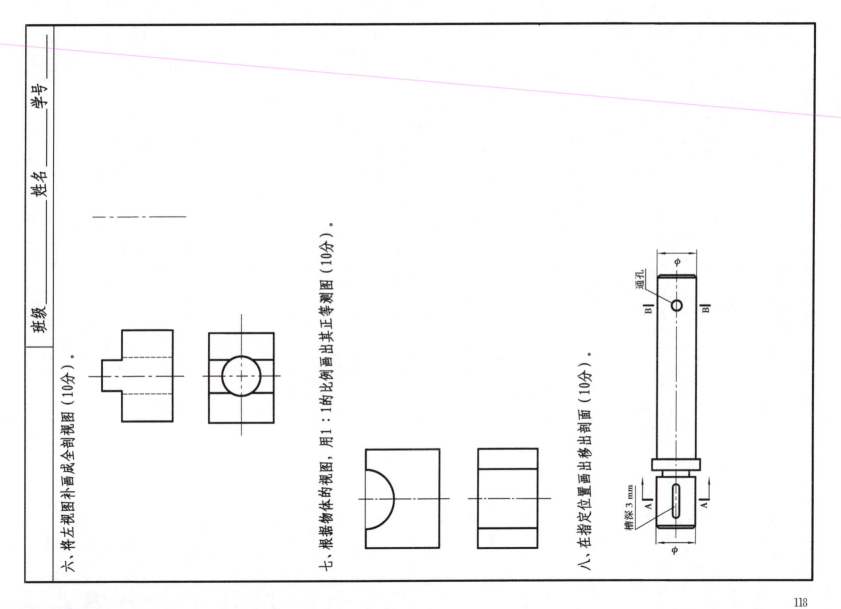

六、将左视图补画成全剖视图（10分）。

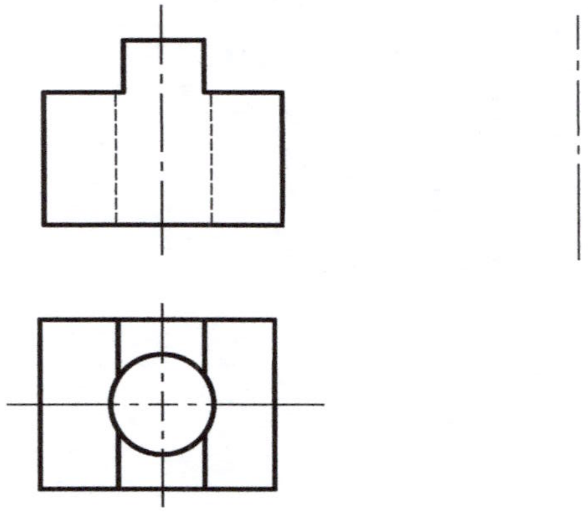

七、根据物体的视图，用1：1的比例画出其正等测图（10分）。

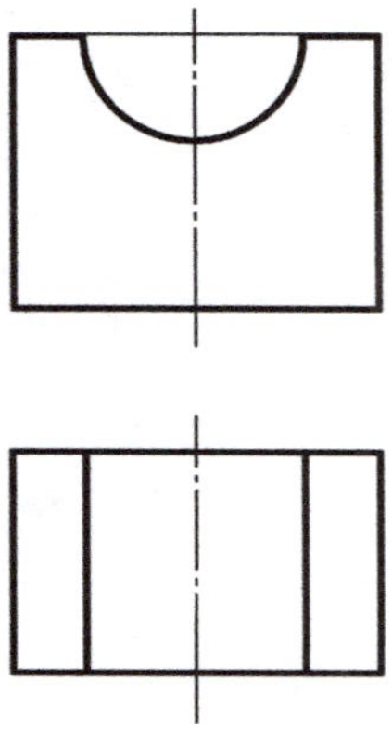

八、在指定位置画出移出剖面（10分）。

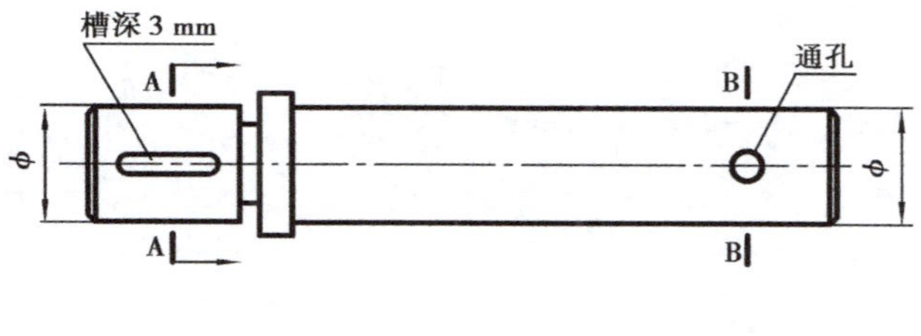

槽深 3 mm
A
A
B
B
通孔
φ
φ

班级________ 姓名________ 学号________

九、已知直齿圆柱齿轮模数为2，齿数为26，完成该齿轮的两视图（10分）。

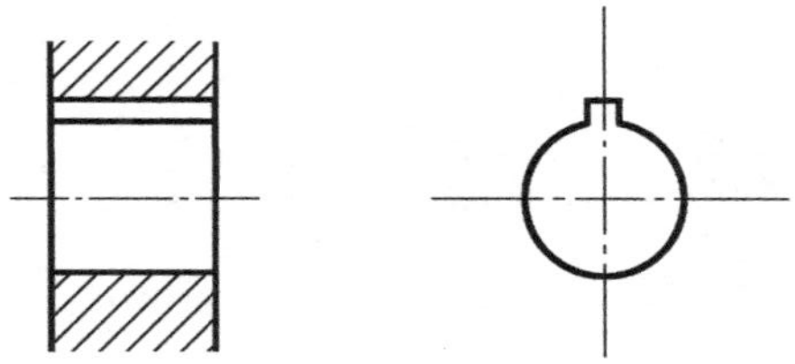

十、读零件图，并完成填空（20分）。

1. 该零件名称是________，比例是________，零件共用________个图形表达，主视图采用________剖视方法表达零件的内部形状。

2. 图中圆孔3×ϕ5的定型尺寸是________，定位尺寸是________。

3. $\sqrt{6.3}$ 表示________，值为________μm，表示表面用________的方法获得。

4. 2×C1表示________，角度为________，宽度是________mm。

5. $\phi35_{-0.087}^{-0.025}$ 表示基本尺寸为________，上偏差为________，下偏差为________，最大极限尺寸为________，最小极限尺寸为________，公差为________。

6. 主视图选择轴线水平放置是为了和________位置一致。

7. 尺寸ϕ54表面粗糙度是________。

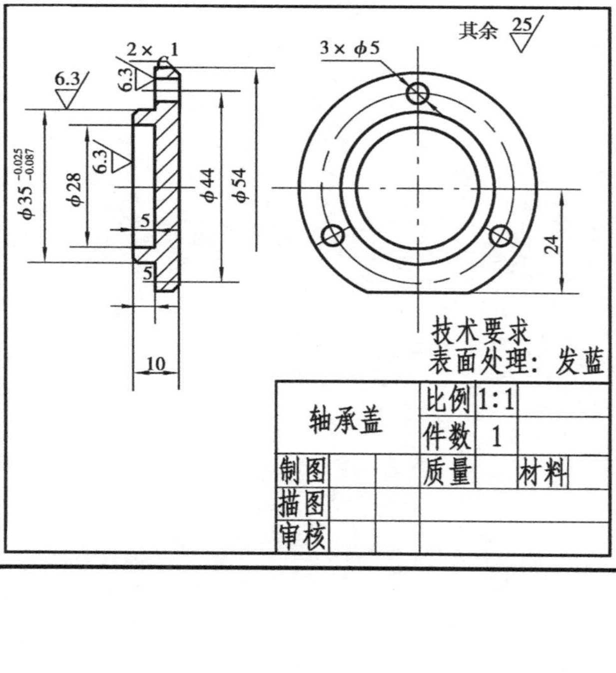

其余 25
3×φ5
2×1
6.3
6.3
6.3
φ35 -0.025 -0.087
φ28
φ44
φ54
5
5
10
24
技术要求
表面处理：发蓝
轴承盖
比例 1:1
件数 1
质量
材料
制图
描图
审核

班级________ 姓名________ 学号________

综合练习题（三）

一、根据物体的二视图，补画出第三视图，并求物体表面点的其他两面投影（12分）。

1.

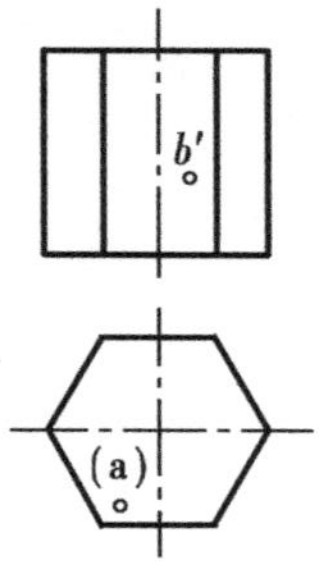

b′
(a)

2.

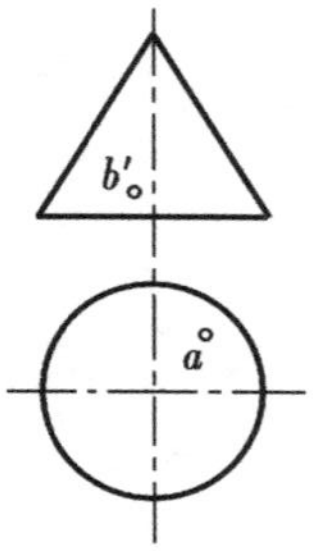

b′
a

二、根据已知视图，补画第三视图（20分）。

1.

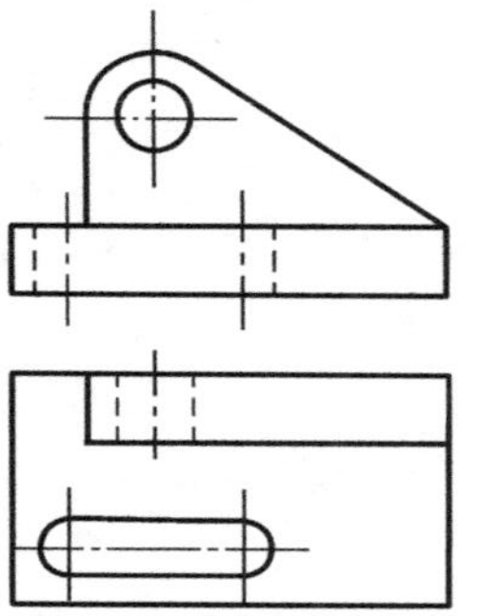

2.

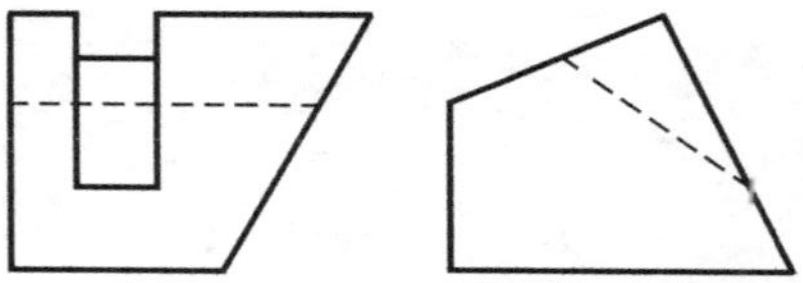

三、分析已知视图，补画视图中的缺、漏线（16分）。

1.

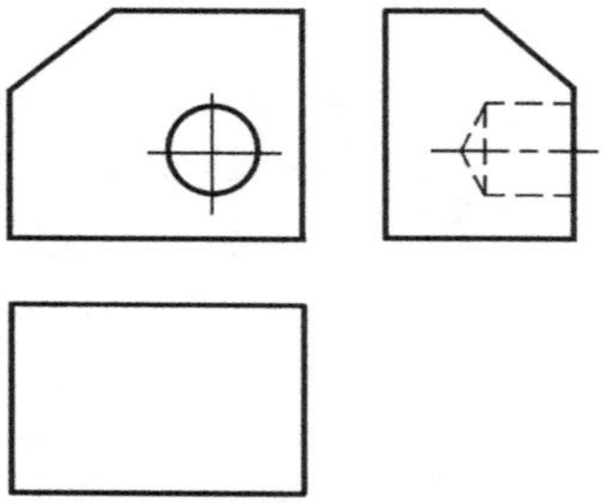

2.

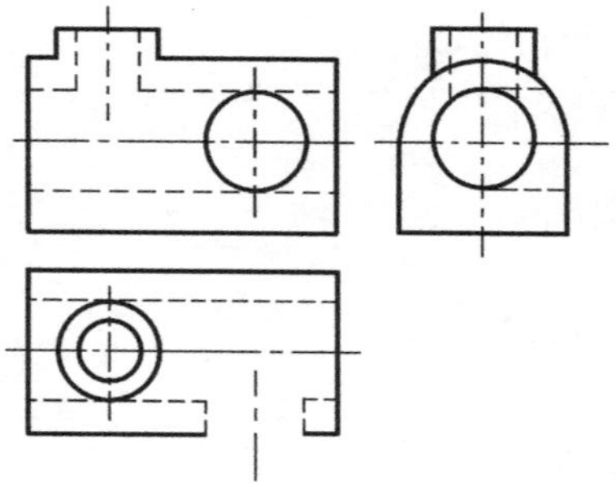

班级________ 姓名________ 学号______

四、找出螺纹联结画法的错误，在适当位置画出正确的剖视图（6分）。

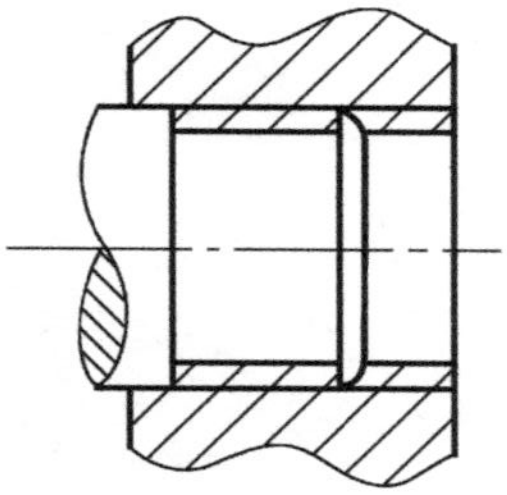

五、在适当位置将主视图画成全剖视图（10分）。

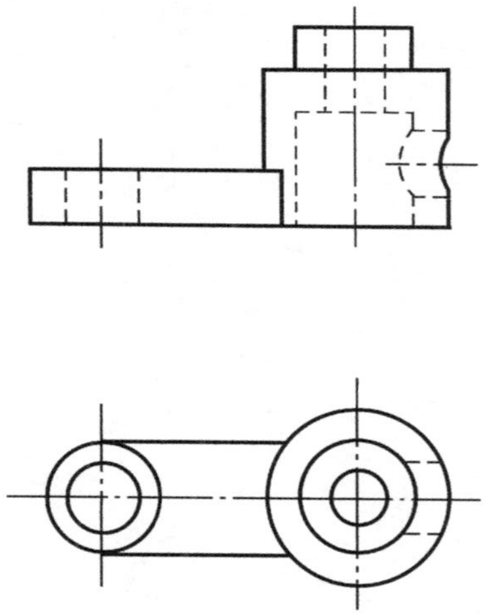

六、根据物体的视图，用1：1的比例画出其正等测图（10分）。

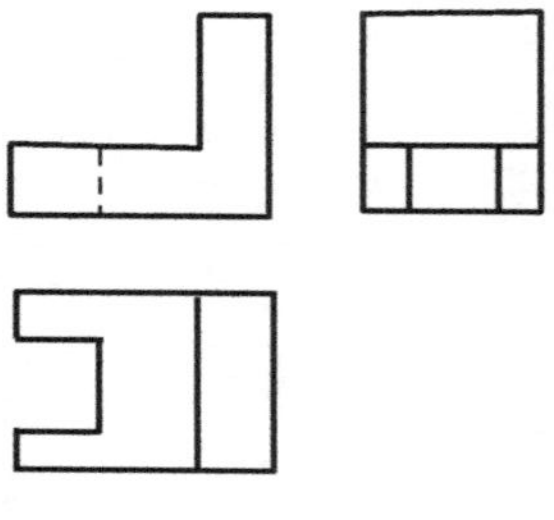

班级________ 姓名______ 学号______

七、已知直齿圆柱齿轮模数为2，齿数为33，完成该齿轮的两视图（10分）。

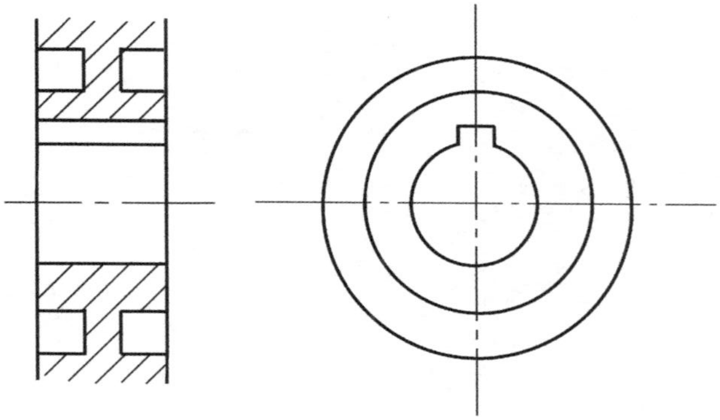

八、读零件图，并完成填空（16分）。

1. 此零件用了____个基本视图来表示，其中$A—A$是________剖切面剖的________视图。
2. 尺寸$2\times\phi6.5$表示有____个基本尺寸是____的孔，其定位尺寸是________。
3. 图中有3个沉孔，其大孔尺寸是________，深度是________，小孔尺寸是________。
4. 尺寸$\phi65^{+0.03}_{0}$的基本尺寸是________，最大极限尺寸是________，下偏差是________。
5. 图中形位公差框格表示被测要素是________，公差项目为________。
6. 该零件加工表面粗糙度R_a值要求最小的是______，其余表面的粗糙度含义是________________。

班级__________ 姓名__________ 学号__________

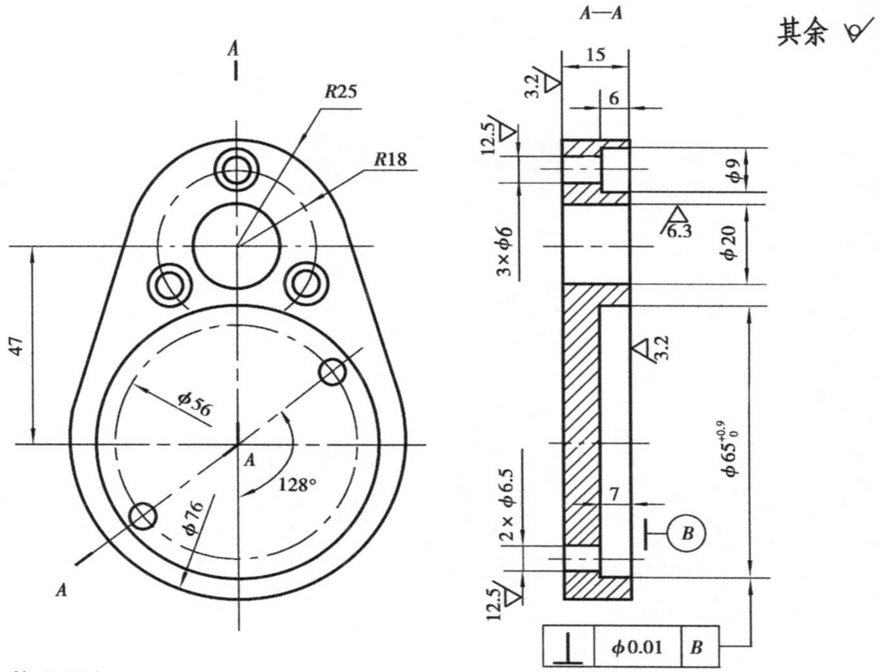

A—A
其余
A
R25
R18
47
ϕ56
ϕ76
128°
A
15
6
3.2
12.5
3×ϕ6
ϕ9
6.3
ϕ20
3.2
$\phi 65^{+0.9}_{0}$
7
2×ϕ6.5
B
12.5
ϕ0.01
B

技术要求

锐边倒角

丝杆支座		比例	数量	材料
		1:2		HT200
制图				
校核				

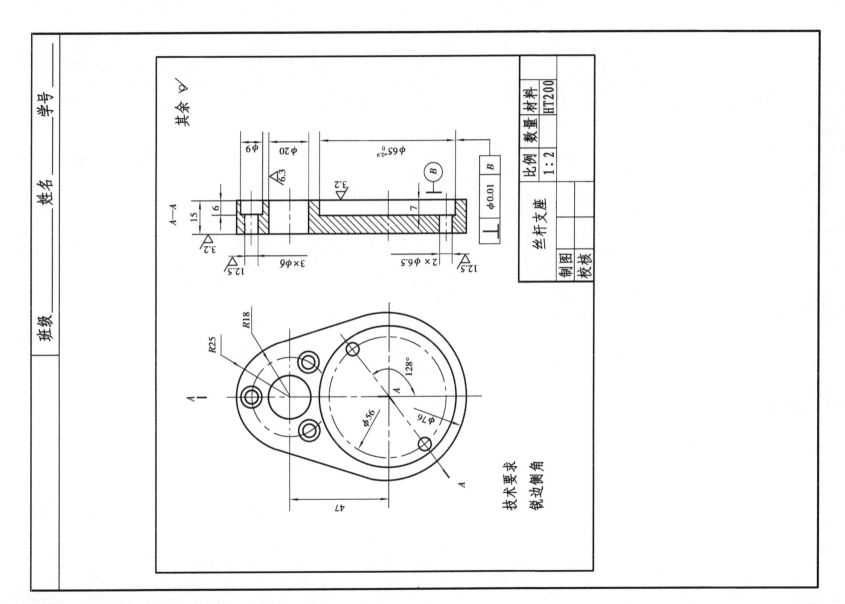